南京本土生物多样性科普丛书

金陵飞虎

——遇见中华虎凤蝶

南京市生态环境保护宣传教育中心　编著

江苏凤凰科学技术出版社·南京

编委会

策　　划　张　健　郝　元

主　　编　戴　虹　褚方樵

执行主编　王　莎

编写人员　张松奎　张　华　袁　屏　姜　盟　陈月龙
赵　月　唐伟利　万　芳　姚文静　汤　洁
杨　柳　赵　彤　关欣悦　汪金宁　恽梦婷
张亦萱　吴　凡　李雨寒　冈　澄　王昱琳

前 言

党的十八大以来，以习近平同志为核心的党中央把生态文明建设摆在全局工作的突出位置，全面加强生态文明建设，谋划开展了一系列根本性、开创性、长远性工作，决心之大、力度之大、成效之大前所未有，生态文明建设从认识到实践都发生了历史性、转折性、全局性的变化，生态环境持续改善，蓝天白云、青山绿水明显增多，人民群众生态环境的获得感、幸福感和安全感显著增强。

“万物各得其和以生，各得其养以成。”生物多样性使地球充满生机，也是人类生存和发展的基础。当人类友好保护自然时，自然的回报是慷慨的；当人类粗暴掠夺自然时，自然的惩罚也是无情的。我们要深怀对自然的敬畏之心，尊重自然、顺应自然、保护自然，构建人与自然和谐共生的地球家园。

南京，六朝古都，十朝都会，自然条件得天独厚，长江穿城而过，河湖点缀其间，山水城林融为一体，江河湖泊相得益彰，生态系统类型多样，珍稀濒危物种较多。近年来，南京市委市政府深入贯彻落实习近平生态文明思想，加大生物多样性保护力度，全面筑牢生物安全屏障，努力绘就高质量发展生态底色。“鸟中大熊猫”震旦鸦雀在六合龙袍湿地芦苇丛中轻歌曼舞，成千上万只花脸鸭在长江新济洲国家湿地公园载歌载舞，“国宝级”东方白鹳在石臼湖滩地翩翩起舞……人与自然和谐共生的画卷在南京徐徐展开。长江江豚、中华虎凤蝶、震旦鸦雀等多种珍稀物种，也成为具有南京地域特色的生态名片。

少年儿童是祖国的未来，也是当前和今后建设美丽中国的重要力量。培养少年儿童对自然的情感，养成良好生态文明习惯，提升环境保护能力，已是当前生态文明教育的重要任务。

南京市生态环境保护宣传教育中心联合江苏凤凰科学技术出版社共同出版的这套“南京本土生物多样性科普丛书”（5 册），通过系列探险故事带领我们了解长江江豚、中华虎凤蝶、萤火虫、震旦鸦雀、獐等“明星”物种，探寻物种的生活环境及成长轨迹，分析物种与城市的生存关系，激发公众对南京城市生物多样性的关注和热爱，提升公众生物多样性保护的意识和能力，以期在日常生活中创造参与生物多样性保护的无限可能。

我们真切地相信，生态文明教育传递的生态文明理念，将以润物无声而又持久弥坚的影响，深入街头巷尾，扎根脑海心田；我们真诚地希望，这套色彩丰富、故事生动的图书能够激发少年儿童爱护野生动物、守护自然生态的热情，积极参与并投入实际行动；我们真挚地期待，南京的生态环境将因为每一个环保少年儿童努力的足迹，缔造更美的风景。

南京市生态环境保护宣传教育中心

张松奎

现任南京中华虎凤蝶自然博物馆馆长，从事蝴蝶生态多样性和青少年科普工作。

主要著作、电视科教片：编导《蝴蝶世界的奥秘》（1992），参编《中国蝶类志》（1994）、《蝴蝶世界》（1996）、《爱能永恒》（2016），主编《玉带凤蝶》（2016）、《跟着爸爸去观鸟》（2017）、《斑海豹之约》（2017）、《南京蝴蝶生态图鉴》（2018）、《美丽的生命历程》（2021）、《蝶人蝶语》（2022）、《中华虎凤蝶生态图鉴》（2022）。

序

用“一见钟情，一生臻爱”来形容我对中华虎凤蝶的情有独钟，是再合适不过的了。

1980 年 3 月，我在南京考察时，拍到了一张黄底黑条的凤蝶照片，后经专家鉴定是中国特产种——中华虎凤蝶。喜欢蝴蝶的我，从此对这“金陵飞虎”格外的关注，并开始记录每个虫态的变化，没想到这一记就记了 41 年。由于工作的关系，常有机会参加青少年野生动物保护活动和自然教育教学。在南京生态环境保护局的指导下，就如何在青少年中开展生态文明教育做了一些有益的尝试。

多年来深入中华虎凤蝶栖息地考察、记录和摄影。如今，参与编写这本青少年科普读物，为南京城市生物多样性保护奉献绵薄之力，是我多年的愿望。

本着保护生物多样性就是保护人类自身这一共同理念，作为一名大自然爱好者，特别期望在不久的将来，对每一种国家重点保护动物和南京蝶类中的保护物种（宽尾凤蝶、金裳凤蝶、冰清绢蝶等）都有一册出版物问世。如果愿望得以实现，那无疑将使野生动物保护和科学普及工作大大地向前推进！

张松奎

“金陵的春天总是悄悄地来到紫金山，山坡上开满了粉紫色的延胡索花。每年惊蛰的几声响雷过后，一种黄底黑条、后翅上缀着一排红斑的凤蝶，就会在花海中翩翩起舞，附近的老人都称它们为‘惊蛰蝶’，可我更喜欢叫它‘飞虎’。”合上保叔的蝴蝶笔记，风车娃继续在山坡上转悠起来。

自从去年冬天听了蝴蝶老师关于“南京蝴蝶与城市生物多样性保护”的讲座，风车娃就对这种名为“中华虎凤蝶”的蝴蝶念念不忘。刚过完今年的春节，风车娃就央求保叔把蝴蝶笔记借给他看一看，他打算按图索骥，找到“飞虎”。不过，几天下来，他却一只蝴蝶都没看见。

风车娃疲倦地坐在一棵倒下的大树干上休息。他喝了几口水，当放下杯子的一瞬间，他的目光被树干上的一个小树洞所吸引：我的天哪，小树洞里有个蛹！

风车娃赶紧打开智能定位手表中的照相功能，拍了一张照片给保叔发过去，想问问这是什么蛹。风车娃激动地想：如果是“飞虎”的蛹那该多好啊！

保叔收到照片后立刻回了电话：“风车娃，你可真幸运呀，你发现的正是中华虎凤蝶的蛹！”

“呀，美梦成真啦！”风车娃也跟着喊起来。

下午回家后，天变得阴沉沉的，傍晚竟然下起了大雪。风车娃看着窗外，担心这蛹会冻死或在雪下闷死，想着要不要给蛹盖个小被子保保暖。随后，风车娃将担心告诉了保叔。

没想到，保叔一点儿也不着急："这几天你就在家好好休息吧，惊蛰后我们一起去看蝶蛹。"

惊蛰后的一天夜晚，天空传来了隆隆的雷声，风车娃兴奋地一夜没睡好，满脑袋想的都是蝴蝶。

第二天清晨，山里的薄雾渐渐散去，阳光穿过林间洒向山坡。风车娃给保叔带路，快步奔向发现蝶蛹的树洞。到了树洞附近，风车娃赶忙凑近一看，哇，这蛹有动静啦！只见蛹的头部和胸部腹面沿触角外线裂开了，最先从蛹里出来的是头部的一对棒状触角、胸背和足。

“这是蛹内虫体利用血压胀破了蛹壳，然后靠体液的压力使整个身体离开蛹壳。”保叔一边给风车娃解释，一边拍摄了几张蝶蛹的照片。

刚羽化的成虫双翅很小，像只小蜜蜂爬来爬去。

“保叔，你快看，这是什么呀？”风车娃指着“飞虎”腹部末端的液体说。

“风车娃，你早上起床先会干啥？”保叔捂着鼻子笑着说。

风车娃反应过来，原来小家伙在排“蛹便”。

这只刚羽化的成虫找到一处可以伸展翅翼的地方。几十分钟后，又皱又小的翅翼就像打开的扇子一样，变成了又大又薄的翅翼。

在阳光的照耀下，这只在蛹里做了 300 天“蝴蝶梦”的中华虎凤蝶，终于飞起来了。

雄“虎”喜欢在山坡林间空地来回飞动，寻寻觅觅……

它和一只雌“虎”相遇了，它们举行了一场浪漫的婚礼。

山坡上的犁头草、蒲公英是“飞虎”最喜欢的花儿，山沟两边的杜衡叶散发着只有它们才能感觉到的清香。

两天后，雌“虎”飞向沟谷长满杜衡的坡地，去创造生命中最伟大的奇迹了。

雌“虎”在一处长满杂树的地方飞来飞去，原来杂树下有许多杜衡。保叔和风车娃清理了上面的杂枝，让杜衡显露出来。

不一会儿，雌“虎”飞落在杜衡叶的边缘，在叶子的反面产下十几粒珍珠般的卵。它先后共产了118粒卵，还真是位“高产虎妈”呀。

能帮助到“虎”妈，风车娃好有成就感啊！

忽然，风车娃发现一只小鸟想吃掉“虎”爸。幸亏“虎”爸躲得快，但还是被啄残了右下翅。虽然“破了相”，但总算捡回了一条小命。

看到雌“虎”完成了伟大的使命，雄“虎”也无性命之忧，风车娃终于有心情欣赏一下周围的风景。他环顾四方，却发现不远处因建游乐场，还修建了停车场，原来的杜衡生长地被改建成草坪。风车娃看了好一会儿，只有一只“虎”妈飞来转了一圈，就又飞走了。

风车娃心里难受极了，他多么希望今后人们在规划建筑的时候，能多考虑考虑附近的动物和植物们。

在保叔的提议下，风车娃认真记录着蝶卵的变化。

1. 刚产的卵表面呈绿色。

2. 过了大约 10 天，卵色变淡，略透明。

3. 又过了几天，卵的顶部和侧面出现淡淡的赭色斑点，颜色渐渐变深。

4. 卵孵化的前一天，可见到卵中偶尔蠕动有着黑色头壳的虫体。

5. 孵化时，幼虫会在卵壳上咬开一个缺口，当缺口大小与幼体相同时，幼虫就会快速地爬出。

刚孵化的幼虫称为一龄幼虫，身体长度约 1.70 毫米，头壳黑色，表面光滑，口器为咀嚼式。体壁由几丁质构成，不能随着体形长大而长大，所以幼虫必须经过几次蜕皮，才能成为老熟幼虫。每蜕一次皮就增加了一龄。一龄幼虫约 9 天。

风车娃发现一龄幼虫取食叶子时一头挨着一头，不取食时会聚在一起。他纳闷地想：“十几头聚在一起是取暖还是开小会？或是让虫体显得很大，向天敌示威——我们是大块头，别来惹事！”

“嗯，这可能是一种自我保护的行为吧。”风车娃自言自语地总结道。

二龄幼虫：完成第一次蜕皮的幼虫身体有许多刚毛，“虎”幼受惊吓会自前胸背面翻出“V”形臭腺，很像一条正在“吐信子”的小蛇。

风车娃一边记录，一边抱怨道：“这臭味不要说把天敌熏得够呛，就连我都受不了。”

三龄幼虫：蜕皮前头壳后方膨大，体色略浅。部分幼虫会爬到其他叶片或地上。

这天，外面忽然刮起了大风，还下起了雨。风车娃怕“虎”幼被风刮走、被雨淋坏，撑着雨伞赶到后山，结果发现“虎”幼躲在叶子的背面，一点都没被淋着。

四龄幼虫：蜕皮前头壳后方膨大，体色略浅。部分幼虫会爬到其他叶片或地上。

五龄幼虫：幼虫取食量猛增。当五龄幼虫不再取食时，有强烈的扩散行为，会爬到几十米甚至百米以外的地方停在小枝或枯叶下面去预蛹。

约 40小时后，它变成了个包着幼虫表皮的“蛹”。

又过了 20 多个小时，被自己“绑架”的五龄幼虫开始不断地蠕动身体，黑色的表皮像是被充了气似的。蜕皮是在胸背中部先裂开一道小口，随着虫体剧烈扭动，约 3 分钟就蜕下了黑色的表皮，刚化蛹的体色淡黄且湿润，翅芽淡绿色。蛹体约 20 小时后表面硬化定色，呈深褐色。

暑假的一天，保叔又带风车娃来到了山里。他们在5月初发现末龄“虎”幼预蛹的地方，找到了“虎”蛹。保叔搭好帐篷，准备好好陪陪“虎”蛹。

夜深了，风车娃困得不行，但他仍然坚持打起最后一分精神，想看一看保叔说过的山林中的夜行动物。迷迷糊糊中，他听到一阵窸窸窣窣的声音。“老鼠！老鼠！”风车娃叫起来。

保叔也听到了声音，他们顺着帐篷的小窗望去，发现一只不知名的动物竟然在偷吃“虎”蛹。保叔立刻打开强光手电。哇！这不是老鼠，是只大麝鼩。没想到，“虎”蛹在这些动物眼中竟然只是可以填饱肚子的美味，风车娃伤心极了。

保叔一边安慰风车娃，一边给他讲了“食物链”的知识。风车娃听着听着，渐渐睡着了。保叔则继续守着相机，拍摄夜间蝶蛹旁可能出现的其他小动物……

★ 物种名片

中 华 虎 凤 蝶

Luehdorfia chinensis Leech

昆虫纲 Insecta，鳞翅目 Lepidoptera，
锤角亚目 Rhopalocera，凤蝶总科 Papilionoidea，
凤蝶科 Papilionidae，绢蝶亚科 Parnassiinae，
虎凤蝶属 *Luehdorfia* Cruger，1851

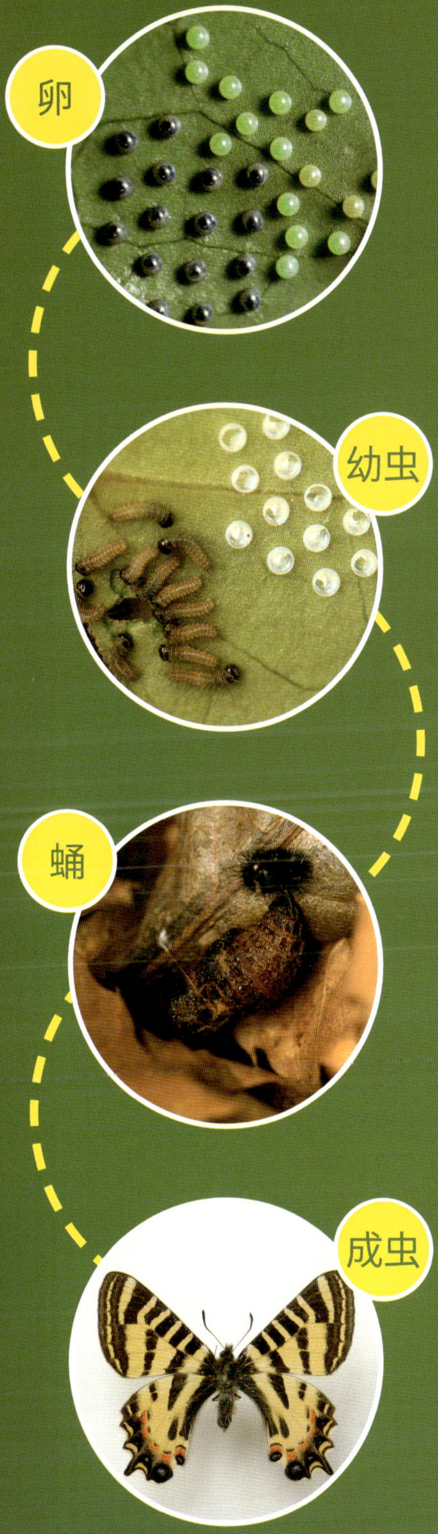

中华虎凤蝶属于完全变态昆虫，一生需要经历卵、幼虫、蛹、成虫四个发育阶段。

卵

EGG

产卵形式为片产，每粒卵的底部有雌蝶的分泌物，能牢固地黏在叶背面而不脱落。卵在孵化前，卵壳内显出幼虫的黑色头壳，孵化时幼虫会咬破卵壳。

第一个孵化出来的“虎”幼回头张望着

“虎”幼们亲亲热热地围在一起进餐

幼虫

LARVA

中华虎凤蝶刚孵化出的幼虫称为一龄幼虫，幼虫要蜕五次皮。蜕皮前，幼虫一动不动，头壳后方膨大。幼虫蜕皮是从头开始，头壳最先与头部分离。各龄幼虫在蜕皮前不再取食，五龄幼虫蜕皮前有强烈的扩散行为，在排出体内粪便，找到合适地点后，就进入预蛹阶段。老熟幼虫会织一个丝垫，将有着膨大头状体的弓形趾钩钩入丝垫，再左右来回地吐出几十股丝织成一道丝圈钻入，丝圈围于后胸之外。

五龄末期幼虫会先织一个尾丝垫

再织丝圈

最后钻入丝圈，完成预蛹

化蛹过程

化蛹过程

化蛹完成

蛹

PUPA

约 60 小时后，通过不断地蠕动身体，幼虫开始化蛹，约 3 分钟蜕下表皮，刚化蛹的体色淡黄且湿润，翅芽淡绿色。蛹体约 20 小时后表面硬化定色，呈深褐色。在约 300 天的蛹期里，蛹体内血液中的血细胞在破坏幼虫的旧器官，组成成虫的新器官。中华虎凤蝶蛹为缢蛹。

成虫

ADULT

中华虎凤蝶

雌蝶体长 18 ~ 21 毫米，

翅展 53 ~ 60 毫米。

雄蝶体长 16 ~ 19 毫米，

翅展 50 ~ 57 毫米。

体黑色具黄毛，在各腹节的后缘侧面，有一道细长的白纹。翅面黄色，斑纹黑色。前翅外缘呈曲线状，有一列外缘黄色斑，靠近翅尖第 1 个细而小的条形黄斑和后方 7 个条形黄斑排列整齐，无错位。中室及中室端有 6 条黑色纵带，中室后方有 2 条黑色纵带。后翅中室的黑带与其下的黑带分离，亚外缘有 5 个发达红斑连成带状，自后缘开始，终止于 M1 脉。雄性红斑较淡，上方的黑斑呈深灰色且细；雌蝶红斑较深，上方的黑斑呈黑色略粗。红斑外侧有蓝斑，臀角蓝斑大而明显。外缘锯齿凹处有 4 个黄色半月斑，后缘密生有黄毛。尾突较短，长度约为后翅的六分之一。前后翅腹面斑纹与背面基本相似，部分区域黄色较背面深，雌蝶的黄色略深。雌雄同型。

中华虎凤蝶栖息地

中华虎凤蝶是中国特产种，有2个亚种：指名亚种主要分布于长江中下游；华山亚种（又称李氏亚种）分布于陕西等地，有华山等种群。

据南京中华虎凤蝶自然博物馆科考队在秦岭山脉和长江中下游的调查以及我国正式发表的文献记载，已知10省1市有中华虎凤蝶栖息地。

每年惊蛰的一声春雷，将万物唤醒，在惊蛰和春分节气之间，长江中下游两岸山野的中华虎凤蝶栖息地里，落叶林山坡上落满了枯叶，枯叶下有马兜铃科细辛属的植物叶芽破土而出，这就是多年生草本植物杜衡和细辛，在有阳光的坡地上，寄主植物会和较早出芽的其他植物同时钻出枯叶之上。杜衡叶面绿色，叶形呈宽心形或肾状心形。

中华虎凤蝶最先羽化的大多是雄蝶，雄蝶喜欢在山顶林间空地或山径上来回飞动，这是山顶和领域的占有飞翔。雄蝶见蝶就追，如是同性则驱赶之，如是雌蝶则紧追不放，这是寻觅飞翔。雄蝶羽化几天后如一直没见到雌蝶或未能与之交尾，则会飞到附近栖息地，这是迁地飞翔。雌蝶在栖息地如遇连着几天下雨，会停栖在叶背面或枝杆下，等着天气放晴，天转好后会做徘徊飞翔。

中华虎凤蝶的栖息地以次生落叶林为主。山坡上分布的杜衡，3月中上旬就能见到中华虎凤蝶雌蝶在杜衡上产卵。此时的乔木、灌木才刚刚发芽，林间有充足的阳光。南京花山的中华虎凤蝶栖息地属于低地类型。每年有适度的人为割草和砍柴。树林下有适量的落叶和草枝覆盖，利于中华虎凤蝶蛹越冬。

图书在版编目（CIP）数据

金陵飞虎：遇见中华虎凤蝶 / 南京市生态环境保护宣传教育中心编著. — 南京：江苏凤凰科学技术出版社，2022.6（2023.4重印）
（南京本土生物多样性科普丛书）
ISBN 978-7-5713-2942-6

Ⅰ. ①金… Ⅱ. ①南… Ⅲ. ①蝶－南京－青少年读物 Ⅳ. ①Q969.420.8-49

中国版本图书馆CIP数据核字(2022)第082228号

南京本土生物多样性科普丛书
金陵飞虎——遇见中华虎凤蝶

编　　著	南京市生态环境保护宣传教育中心
责任编辑	唐　仪　赵　菁
助理编辑	高荣嵘
营销编辑	王梦青
特邀编辑	张明明
责任校对	仲　敏
责任监制	刘文洋
出版发行	江苏凤凰科学技术出版社
出版社地址	南京市湖南路1号A楼，邮编：210009
出版社网址	http://www.pspress.cn
印　　刷	南京新世纪联盟印务有限公司
开　　本	889 mm × 1 194 mm　1/16
印　　张	2.25
字　　数	60 000
版　　次	2022年6月第1版
印　　次	2023年4月第2次印刷
标准书号	ISBN 978-7-5713-2942-6
定　　价	88.00元（共5册）

南京本土生物多样性 科普丛书

长江里的微笑

——走近长江江豚

南京市生态环境保护宣传教育中心 编著

江苏凤凰科学技术出版社 · 南京

编委会

策　　划　张　健　郝　元

主　　编　戴　虹　褚方樵

执行主编　王　莎

编写人员　张松奎　张　华　袁　屏　姜　盟　陈月龙
赵　月　唐伟利　万　芳　姚文静　汤　洁
杨　柳　赵　彤　关欣悦　汪金宁　恽梦婷
张亦萱　吴　凡　李雨寒　呙　澄　王昱琳

前　言

党的十八大以来，以习近平同志为核心的党中央把生态文明建设摆在全局工作的突出位置，全面加强生态文明建设，谋划开展了一系列根本性、开创性、长远性工作，决心之大、力度之大、成效之大前所未有，生态文明建设从认识到实践都发生了历史性、转折性、全局性的变化，生态环境持续改善，蓝天白云、青山绿水明显增多，人民群众生态环境的获得感、幸福感和安全感显著增强。

“万物各得其和以生，各得其养以成。”生物多样性使地球充满生机，也是人类生存和发展的基础。当人类友好保护自然时，自然的回报是慷慨的；当人类粗暴掠夺自然时，自然的惩罚也是无情的。我们要深怀对自然的敬畏之心，尊重自然、顺应自然、保护自然，构建人与自然和谐共生的地球家园。

南京，六朝古都，十朝都会，自然条件得天独厚，长江穿城而过，河湖点缀其间，山水城林融为一体，江河湖泊相得益彰，生态系统类型多样，珍稀濒危物种较多。近年来，南京市委市政府深入贯彻落实习近平生态文明思想，加大生物多样性保护力度，全面筑牢生物安全屏障，努力绘就高质量发展生态底色。“鸟中大熊猫”震旦鸦雀在六合龙袍湿地芦苇丛中轻歌曼舞，成千上万只花脸鸭在长江新济洲国家湿地公园载歌载舞，“国宝级”东方白鹳在石臼湖滩地翩翩起舞……人与自然和谐共生的画卷在南京徐徐展开。长江江豚、中华虎凤蝶、震旦鸦雀等多种珍稀物种，也成为具有南京地域特色的生态名片。

少年儿童是祖国的未来，也是当前和今后建设美丽中国的重要力量。培养少年儿童对自然的情感，养成良好生态文明习惯，提升环境保护能力，已是当前生态文明教育的重要任务。

南京市生态环境保护宣传教育中心联合江苏凤凰科学技术出版社共同出版的这套“南京本土生物多样性科普丛书”（5 册），通过系列探险故事带领我们了解长江江豚、中华虎凤蝶、萤火虫、震旦鸦雀、獐等“明星”物种，探寻物种的生活环境及成长轨迹，分析物种与城市的生存关系，激发公众对南京城市生物多样性的关注和热爱，提升公众生物多样性保护的意识和能力，以期在日常生活中创造参与生物多样性保护的无限可能。

我们真切地相信，生态文明教育传递的生态文明理念，将以润物无声而又持久弥坚的影响，深入街头巷尾，扎根脑海心田；我们真诚地希望，这套色彩丰富、故事生动的图书能够激发少年儿童爱护野生动物、守护自然生态的热情，积极参与并投入实际行动；我们真挚地期待，南京的生态环境将因为每一个环保少年儿童努力的足迹，缔造更美的风景。

南京市生态环境保护宣传教育中心

姜盟

南京江豚保护协会常务副会长兼秘书长；江苏省科普作家协会副秘书长、生态专委会主任；江苏省动物学会理事、科普委员会副主任；国际自然保护地联盟（IAPA）专家组成员；原南京广电集团牛咔视频探索频道负责人。

长期从事长江江豚等中国濒危野生动物一线保护工作，特别关注水生生物生态学和保护学的考察与研究，组织参与长江江豚和水生生物资源调查工作，开展南京本土水生生物影像调查，曾编写出版《南京常见野生动植物识别手册》《南京长江水生野生动物识别手册》《大江豚影》等科普书籍，策划举办了“江豚保护主题月”“生命长江”水生生物科普展、“水生生物保护专家系列讲堂”等一系列有影响力的活动。

序

春日里的一个早晨，我背起了相机背包，又来到江边寻找长江江豚的身影。沿着中山码头漫步在滨江风光带上。江风拂面而过，两只黑鸢随风在空中翱翔，这时候耳边传来了“呼哧”“呼哧”的喷气声。紧接着，一个又一个圆润的灰黑色身影从江中出现，然后又没入江水消失不见。这就是被誉为“长江里的微笑精灵”的国家一级保护动物——长江江豚。

早在1 700多年前的东晋，大文学家郭璞在《江赋》中写道：“鱼则江豚海狶”。这是古人最早称呼它为“江豚”的记录。彼时的长江江豚不仅数量多，而且活动区域大。然而，随着人类经济活动的发展，对环境保护的忽视，对自然资源的过度利用，长江江豚的数量越来越少，现存数量仅剩千余头。

水中一头小江豚追着小鱼迎面向我游来。这是一头去年刚出生的小宝宝，它的妈妈就在不远处游弋。长江江豚作为高度社会化的高等动物，小江豚得益于母亲和族群的庇护，才能够茁壮成长。现如今，保护它的不仅有它的家庭，更有了岸上人类的身影。从国家开展“长江大保护”工作以来，长江江豚作为旗舰和重点物种，受到了人们的高度关注。有了人类的反省与保护，长江江豚种群下滑的趋势已经得到了遏制，在古都南京，长江江豚的种群数量不仅不断增多，而且人们能够稳定地在主城区的岸边欣赏到它们在水中翻腾跳跃的身影。

“爸爸你看，长江江豚跳起来了，好可爱！”身后一个孩子的清脆声音传入我耳中，我会心一笑，望着长江中那起伏的灰黑色身影，看到了属于它们和我们的明天。

姜　盟

春天来了，大地万物复苏，到处都是欣欣向荣的景象。今天是春游踏青的日子，风车娃一大早就急匆匆地出了门。乘着和煦的春风，风车娃一溜烟地来到了春游目的地——长江边上的鱼嘴湿地公园。

江边的芦苇已经抽出了绿芽，一朵朵小野花从湿润的泥土中钻出来，迎着风儿翩翩起舞。风车娃深吸了一口气，一股大自然的清香扑面而来。抬头望去，宽阔的长江如同巨龙横卧在他的面前。在光影的照映下，天空和水面都是湛蓝湛蓝的，看着就让人心情愉悦。

这时，一个影子飞快地从天空俯冲到水面上。吓得风车娃赶紧大叫一声：“小心！”

黑影被这喊声一惊，迅速擦着水面又盘旋回空中。原来，这是一只老鹰。

“刚才可太危险了！”风车娃一边向老鹰招手，一边心有余悸地说道。

“我这是在捕鱼，你这一嗓子，马上到手的鱼都给吓跑啦！”老鹰埋怨道。

“哎呀，对不起，我不是故意的。我叫风车娃，你叫什么名字？”风车娃不好意思地道着歉。“没关系，我叫黑鸢，我们都喜欢吃鱼，所以每天都在附近活动 。我们的眼睛锐利无比，能一眼看到浮在水面的鱼儿，然后迅速俯冲到水面捉住它！”黑鸢自豪地说道。

“黑鸢先生，打扰了您的早餐，真是非常抱歉。”风车娃正说着，忽然发现江中冒出一个黑色的影子。

“快，黑鸢先生！好大的鱼！”风车娃赶紧向黑鸢通风报信。

“哈哈，那是宁宁，一头长江江豚！那是我的好朋友，可不是什么鱼！”黑鸢哈哈大笑起来。

听到岸上的对话，江中的黑影慢慢地露出了圆圆的脑袋。他有着黑灰色的身体，小小的眼睛，额头还微微鼓起。他看着风车娃，微笑着说道：“你好，我是江豚宁宁。”

“我叫风车娃，很高兴认识你，但是你看起来真的挺像一条鱼，浑身光滑，没有手脚，还长着鱼尾巴。”风车娃不解地说。

“哈哈哈哈”，宁宁一边笑，一边从水中跃了出来，“确实如此，我们长江江豚的祖先跟河马的祖先类似，曾经也生活在陆地上。后来，我们的族群又重新回到水中，经过几千万年的演化，我们的手变成了胸鳍，腿也退化消失不见了，为了更快地在水中游泳，我们还进化出跟鱼类很接近的尾巴。但是你仔细看，我的身上可没有鳃，没办法从水中直接获得氧气，仍然跟其他哺乳动物一样用肺呼吸，只不过，我的鼻孔长在了头顶上。”

宁宁调皮地在水中翻滚，头顶上的呼吸孔随着呼气喷出了小水花。

这时，水中又冒出两个黑色的身影。风车娃仔细一看，还是两头长江江豚。

只见一头小江豚紧紧地靠在大江豚的背上，一起跃出了水面。

“这是我妈妈和我的小妹妹萌萌，萌萌今年刚出生，还是个小宝宝。”宁宁向风车娃介绍道。

“我是风车娃，很高兴认识你们！”风车娃热情地向宁宁的家人打招呼。

江豚妈妈微笑着向风车娃问好，而萌萌则紧紧地靠在妈妈身边，好奇又胆怯地看着风车娃。

“风车娃，我们一家人要顺江而下，跟我们族群的同伴会合一起捕鱼，你要不要跟我们一起来长江里探险？”宁宁问道。

“太好了，谢谢你的邀请！我还从来没到长江中瞧一瞧呢。”风车娃进入水中，跟着宁宁和他的家人一起向下游游去。

一路上，宁宁跟风车娃介绍起长江的风土人情。

“你知道吗，长江可是中国最长的河流，据说源头在遥远的雪山上。但是我们长江江豚家族只生活在长江的中下游，还有一些伙伴生活在鄱阳湖和洞庭湖里。不过，我们这一支的族群世世代代都生活在这片水域，所以，我们也是南京的土著居民呀！瞧，那条漂亮的鱼叫作胭脂鱼，是我们的邻居。”宁宁指着江底一条长着像风帆一样高背鳍的大鱼说道。这条身体通红的大鱼也看到了大家，缓缓地游了过来。

“你好，胭脂鱼，我是风车娃，你长得真漂亮！”风车娃毫不吝啬地夸赞胭脂鱼。

胭脂鱼咯咯咯地笑了起来，在水中转了两个圈，身体两侧那道深红色的横纹显得更加鲜艳了。

“谢谢你的夸奖，我们胭脂鱼家族也是长江里的原住民。虽然大家叫我们‘亚洲美人鱼’，但是我们小时候可不是这样的，瞧瞧我身后那群斑马条纹的小鱼，那都是我的孩子。”

风车娃向胭脂鱼身后看去，只见一群同样也长着高高背鳍的小鱼，不过他们身体是两种颜色相间的。他们一边贴着江底游动，一边用嘴巴搅动江底的淤泥，寻找其中的底栖动物和有机碎屑当食物。

突然，风车娃脚下的“淤泥”动了起来，他吓了一跳，连忙躲到宁宁旁边。

只见那块会动的“淤泥”慢慢地漂了起来，他又扁又平，两个小小的眼睛和歪歪的嘴巴长在扁平身体朝上的一侧，不仔细点儿都看不出来。

“天哪，这是什么怪物！”

“别怕！这是一条窄体舌鳎，它们可以从海洋中洄游到长江里觅食，他们最喜欢贴着江底的淤泥活动。对了，他们跟比目鱼是近亲，眼睛和嘴巴也是长在身体的一侧哟！”宁宁向风车娃介绍道。

只见这条窄体舌鳎又慢慢地游向江底，然后就像施了隐身术一样，马上消失了。

“太神奇了，他们竟然会隐身魔法！”风车娃又一次被惊到了。

“这个叫保护色。为了不让天敌和猎物发现，舌鳎的身体变成了跟淤泥一样的黄棕色，身体也变成扁扁的。他们还练就了一套贴着江底游泳的本领，这样就能跟江底融为一体，更好地保护自己了。”胭脂鱼笑着说道。

风车娃摸了摸自己的脑袋，觉得这次真是大开眼界。

告别了胭脂鱼，风车娃与宁宁一家继续赶路。一路上，他们遇到了许多奇奇怪怪的水生动物。大大小小的鱼群在水中穿梭，有的身体扁平，有的身体细长。河底的小虾和螃蟹也时常从淤泥或者礁石缝中钻出来，跟风车娃问好。

顺江而下，大片的芦苇和水草慢慢消失，江水越来越浑浊，鱼儿也慢慢变少了。萌萌紧紧咬住妈妈的尾鳍，宁宁的神情也紧张起来。

“这个地方我们叫作死亡峡谷，你一定要小心跟紧我们。据说这里的水有毒，许多年前，曾经发生过非常严重的恐怖事件。当时，我们家族有许多同伴游到这里就再也没能游出来，有的侥幸游了出来，却因为中毒生病，也很快地死去了。”宁宁用沉重的声音提醒风车娃。

风车娃只觉得一阵寒意扑面而来，四周还隐隐约约散发着奇怪的味道。他们一边快速通过，一边看到附近有许多巨大的洞口从岸堤深入水中。这些巨大的黑洞就像吃人的大嘴，让风车娃感到十分恐惧。

突然，岸边传来“轰隆轰隆”的巨大响声，这让大家感到更加害怕。宁宁赶紧招呼风车娃离开此地。

风车娃既害怕，又生气，他从宁宁身边飞腾而起，愤怒地飞到空中。他倒想看看，是谁在破坏这美丽的长江。风车娃往岸边望去，看见一个巨大的工厂码头。不过，码头现在已经废弃了，有许多工人正在用挖掘机拆除码头的工业建筑。更远处的码头已经拆完了，一群穿着绿色上衣的工作人员正在岸边栽种芦苇。

“咦？保叔！你怎么也在这里？”风车娃一眼就看到了自己的好朋友——南京环境保护专家保叔，他正在一边看着图纸，一边指挥其他人工作。

听见风车娃的呼喊，保叔回过头，笑着向风车娃解释道：“我们正在开展长江大保护的环境整治工作，这些码头拆完后全种上芦苇，争取尽快恢复长江两岸生态自然环境的原貌。”

“原来如此。保叔，我刚才跟好朋友宁宁正在水下探险，他告诉我这里叫作‘死亡峡谷’，这里的水有毒，他们都非常害怕，我也看到水里有许多巨大的黑洞，这里到底是什么地方？”风车娃问道。

“宁宁只说对了一半。”保叔回答说，“这里原来是一个化工厂的码头，那些黑洞原来是污水排放口，很多年前，在没有开始长江大保护和水环境综合治理之前，那些排污口确实是把有毒的污水排到长江中去的。不过，这个化工厂几年前就搬迁了，污水也早就停止排放了。现在，我们还要把这个码头拆掉，把这里重新恢复成长江原生态的湿地。”

“这真是一个好消息！”宁宁听到，在水中开心地转了几圈。

“宁宁，我代表人类向你和其他长江中的水生生物道个歉。因为人类的无序活动，破坏了你们的美丽家园。现在，你们口中的‘死亡峡谷’已经彻底成为过去，再过一段时间，等码头拆除完工，芦苇和树木种植完毕，这里将重新变成‘生命之谷’。”保叔深深地向宁宁一家鞠了躬。

“保叔，谢谢你！我们会把这个好消息带给其他朋友，让他们不要再害怕这里了。”宁宁从水中跳了起来，高兴地喷了一串水花。

跟保叔告别后，风车娃和宁宁一家继续踏上了旅途。一路上，宁宁向风车娃介绍着长江里的奇闻逸事，风车娃听得津津有味，心想：“这条生命的河流有着数不清的故事，我一定要好好保护她！”

一个小时后，他们游到了一处水流平缓的水域。这里的风光格外秀丽，碧绿的水草随波漂荡，礁石上长满了褐色的淡水壳菜。江底的中华绒螯蟹和日本沼虾正忙着从泥土中寻找食物，数不清的小鱼成群地穿梭在水草和礁石中。

宁宁告诉风车娃，这种小鱼叫作餐条鱼，是长江江豚最爱的食物。由于长江大保护和“十年禁渔”，餐条鱼在长江中越来越多了。

“这里就是我们的食堂，外婆、姨妈、舅舅和表哥他们都来了，一会儿让你见识见识我们的真本领！”宁宁一边骄傲地说着，一边跟家人们互相问候，商量今天的捕鱼方案。

“今天我们还是执行‘A计划’，大家先分头行动！”

在江豚外婆的指挥下，江豚们各自分散，他们快速游到鱼群中间，驱赶着餐条鱼群，不一会儿，他们就将餐条鱼群从水底和岸边驱赶到开阔的水面。江豚们左右包抄，前后堵截，互相配合得天衣无缝，终于将鱼儿聚集到一起。

“攻击！”随着外婆一声令下，江豚们从自己围成的包围网依次冲向鱼群，他们首先将鱼儿赶到水面，然后用尾巴拍击水面，利用冲击波将小鱼震晕，然后轻松地吃掉那些被震晕的小鱼。

“真是太厉害了！”风车娃对江豚家族高超的捕猎方法惊叹不已。

“还有更厉害的呢！”宁宁非常兴奋，想在风车娃面前展示自己的威风。他离开了江豚群，朝着一条体形更大的鲫鱼追去。这时，江面上传来了“突突突”的发动机声。

“宁宁，不要追了！上头有船！”宁宁刚反应过来，就看见一艘巨大的货轮从水面驶过。尽管做了紧急躲避，螺旋桨还是碰到了宁宁的左前肢，鲜血一下子涌了出来。

“啊，好疼！”宁宁的身体失去平衡，慢慢滑向岸边。

风车娃迅速游过来，只见宁宁的伤口很深，鲜血不断涌出，把周围的水都染红了。“宁宁，你的伤口太深了，我处理不了。不过你放心，这里是南京长江江豚保护区，岸边就有江豚保护志愿者，我去联系他们，让他们通知专业人员来救你。”风车娃扯下自己的衣服袖子，帮宁宁简单地包扎了伤口。

“不准去，我们不相信人类！他们曾经用渔网把我们的食物都捕走，让我们挨饿；他们还用电网和迷魂阵把我们困在中间，让我们活活淹死；今天他们还用船撞我们，让我们遍体鳞伤！”江豚舅舅一脸阴沉地阻拦道。

风车娃看到他身上的累累伤痕，不禁流下了眼泪：“江豚舅舅，我知道您和族群之前受了很多委屈，但是人类中也有很多善良的人，他们愿意帮助、保护你们。请您相信我，再给人类一个机会，他们一定会救宁宁的。”

风车娃向江豚舅舅鞠了个躬，然后迅速飞到岸边。他用最快的速度找到一位穿着红马甲的志愿者，告诉他刚才发生的事情。

“我马上联系救助！”志愿者迅速拨打了电话。

不到10分钟，保护区的救助船就来到了现场，大家齐心协力用担架把宁宁抬到船上，紧急送往江豚救助中心。

“风车娃，你辛苦了，后面的救助交给我们了，我们一定会尽全力治好他。”救护人员说着，将宁宁抬进手术室。

“谢谢你们救助我的好朋友，希望宁宁能早日康复……”

一个月后，风车娃又来到长江边，他来看望他的好朋友宁宁。不同于第一次见面时的情形，这次同行的还有保叔、“红马甲”和救护人员。

“宁宁，你的伤恢复得怎么样了？”风车娃紧张地问道。

“风车娃，放心吧！我的伤已经痊愈了，谢谢你，也谢谢所有帮助过我们的人类。”宁宁依旧绽放那熟悉的微笑，开心地在水中翻腾跳跃。

“我舅舅现在对人类也有了新的认识。我想，随着人类善举的增加，这种隔阂一定会越来越小。”宁宁憧憬地说道。

看着宁宁，大家都会心地笑了。此刻，大家真正理解了什么叫作“长江中的微笑精灵”。因为，这种笑容的感染力是那么强烈，从我们的长江，到我们的城市，再到我们每一个心存善良的人。

☆物种名片

长 江 江 豚

NEOPHOCAENA ASIAEORIENTALIS

鲸目 鼠海豚科　别名：江猪、懒妇鱼

中国特有物种，国家一级保护动物。白鱀豚功能性灭绝后长江里仅存的鲸类动物。分布于长江中下游的干流以及洞庭湖、鄱阳湖等。长江江豚的成年个体体长 1.5 ~ 1.8 米，体重 50 ~ 70 千克。初生幼崽体长 0.7 米左右。

长江里的微笑精灵

长江江豚全身呈深灰色或浅灰色，没有背鳍，脊背上有疣粒，这是其最显著的特征。作为哺乳动物，长江江豚用肺呼吸，要露出水面换气，呼吸孔位于头部的顶端。江豚呼吸时极少全身出水。它的外耳孔极小，形似芝麻粒，位于眼睛后方。另外，江豚牙齿短小，左右侧扁，呈铲状。它的头部钝圆，额部隆起稍向前凸起，吻部短而阔，形状像在微笑，也被称作“长江的微笑精灵”。

（张焜　图）

长江江豚的族群

与其他水生哺乳动物相同，长江江豚也是以母系氏族为核心组成社会性群体的高等动物，在鲸豚类家族里，祖母相当于首领的角色，组织其他雌性个体和青年雄性形成相对稳定的种群，成年雄性个体活动则相对更随意，有时几头雄性会结成单身俱乐部活动，有时也会回到大群体集体行动，有的时候也会单独外出冒险。

长江江豚的食谱

长江江豚的主要食物为小型鱼类，包括鳘（餐条）、刀鲚、鲫、间下鱵以及“四大家鱼”等其他鱼类的幼鱼，偶尔也会捕食虾、蟹等。

长江江豚喜欢合作捕食。首先，结伴的江豚会分散开来，利用尾巴击水、搅动江水，驱赶鱼群于一处；然后迅速冲向鱼群，摆动头部以精准定位，衔住鱼儿后，将鱼头调整为正对咽喉的方向快速吞下；有时还会将鱼儿抛向空中玩耍一会儿再享用。

回 声 定 位

长江江豚生活在能见度非常低的混浊江水中，与同伴交流捕食以及躲避障碍物主要依靠复杂的回声定位系统。它能够产生和接收具有回声定位功能的高频窄带信号，进行目标探测、定位、辨别以及导航。长江江豚回声定位信号的峰值频率约为 128 千赫，具有频率高、持续时间短的特征。与蝙蝠相似，其高频“叫声”在人类听力范围之外。

作为中国仅有的两种淡水豚类，受人类活动影响，白鱀豚和长江江豚数量不断减少，白鱀豚已于 2007 年宣布功能性灭绝，长江江豚已被列为极危物种，数量从 20 世纪 90 年代的 2 700 多头下降到 1 249 头（2022 公布数据）。

长江豚类面临的威胁

1. 兴修水利设施阻断江河湖泊连通影响鱼类洄游繁殖和豚类迁徙活动。

2. 繁忙的航运对豚类声呐系统的干扰以及与船只碰撞的直接伤害。

3. 河漫滩和自然岸线被开发或硬化导致的豚类栖息地和食物来源丧失。

4. 过度渔业捕捞与非法捕捞对豚类食物的影响和误捕导致的死亡。

长江豚类的保护

我国自20世纪80年代开始保护豚类，目前国家采取的主要保护手段是就地保护和迁地保护。目前我国已经成立了8个豚类自然保护区。其中湖北石首天鹅洲、何王庙，安徽铜陵和安庆西江保护区还开展了迁地保护工作，并取得了良好效果。

2014年10月，江苏省成立南京长江江豚省级自然保护区，在南京全面启动长江江豚的保护工作。保护区管理部门不断强化保护区的规范化管理，并在重点水域设立岸线固定监测点和水上智能监测系统，对江豚和保护区环境开展实时监控；实施生态修复工程，开展水生生物增殖放流，为江豚创造更好的栖息地；建设江豚救护基地，与科研院所合作建立野生动物救助机制；成立江豚水生生物保护协会，发动社会力量参与水生生物保护。考察结果显示，约有50头江豚稳定栖息在南京江段。南京也是唯一在大城市中心江段有野生江豚稳定栖息的城市，到滨江风光带观赏野生长江江豚已经成为南京人休闲观光的新时尚。

胭脂鱼　中国特有物种，国家二级保护动物。成体全长可达1.2米，体重可达30千克。它的口圆形，酷似一枚吸盘。背部在背鳍起点处隆起，背鳍前段延长而后段较短。成年鱼体形修长，体侧为淡红、黄褐或暗褐色，从吻端至尾基部有一条横向的红褐色条带，背鳍、尾鳍均呈淡红色。繁殖期成鱼整体体色会转变成鲜艳的胭脂红，故此得名。

餐条鱼　餐条鱼是指长江中鲤形目家族成员中鲌亚科的几种小型鱼类的统称，它们虽然体形小，外观不起眼，但却是长江中其他许多大型捕食者的重要食物来源，是长江中重要的基石物种，一定程度上能够影响长江江豚的种群数量变化。

黑鸢　国家二级保护动物，体长可达60厘米，是南京长江边最常见的猛禽，喜欢吃鱼，随着生态的变好，长江边经常能看到上百只黑鸢聚集盘旋捕鱼的场景。在南京，黑鸢聚集的地方通常是鱼群所在，所以很多人会跟着黑鸢活动寻找长江江豚的踪迹。

窄体舌鳎　属于鲽形目，舌鳎科的一种底栖鱼类，俗称牛舌头、草鞋底。它们身体扁平，不对称，双眼均位于身体左侧。窄体舌鳎有洄游习性，杂食。每年会从海洋中洄游到长江淡水里觅食。

长江干流与水生生物多样性

长江发源于“世界屋脊”——青藏高原的唐古拉山脉各拉丹冬峰西南侧。干流流经青海、西藏、四川、云南、重庆、湖北、湖南、江西、安徽、江苏、上海11个省、自治区、直辖市，于崇明岛以东注入东海，全长6 300余千米，比黄河长800余千米，在世界大河中长度仅次于非洲的尼罗河和南美洲的亚马孙河，居世界第三位。但尼罗河流域跨非洲9国，亚马孙河流域跨南美洲7国，长江则为中国所独有。

胭脂鱼幼体

铜鱼

长吻鮠

圆尾斗鱼

长江的水生生物多样性

长江水系水生生物多样性丰富，以鱼类为例，现有鱼类400多种，其中纯淡水鱼类350种，占我国淡水鱼类总数的1/3，种类之丰富，居全国各水系之首。其中有149种鱼类是我国特有鱼种，它们仅分布在长江或长江某一江段、支流或者湖泊。其中处于长江下游的共有30种。

南京水生动物多样性与代表物种

奔涌的长江之水，自世界屋脊而来，一路向东。她裹挟着细软的泥沙在海陆交汇之际，堆积成了生机盎然的长江三角洲。在这大江入海的最后阶段，发达的水系养育了多样的水生动物。既有诸多奇鳞异甲在此安家，又有不少匆匆过客途经于此。据记载，南京有 2 种水生哺乳动物，150 多种淡水鱼类，近 20 种两栖爬行动物和各色各样的无脊椎动物。其中，白鱀豚、长江江豚、白鲟、中华鲟等被列为国家一级保护动物，胭脂鱼、虎纹蛙等被列为国家二级保护动物，长吻鮠、铜鱼等被列为江苏省重点水生保护动物。

（刘晴晴　图）

鱼类栖息地的选择

鱼类能够适应不同的生态环境和栖息地，甚至沙漠绿洲和洞穴中都有鱼类存活。由于不同栖息地自然条件的差异性，鱼类也因此呈现出极高的多样性。有的鱼类喜欢在高溶氧的溪流中活动，有的则偏爱水草丰茂的静态水体；有的能够适应河口水域的咸淡水，有的则会在河流和海洋中反复洄游迁徙。

此外，有的鱼类喜欢栖息在水底活动，有的则喜欢在水体表层活动，有的鱼喜欢靠近岸边，有的则喜欢在水体中层活动。

（王臻祺　图）

图书在版编目（CIP）数据

长江里的微笑：走近长江江豚 / 南京市生态环境保护宣传教育中心编著. — 南京：江苏凤凰科学技术出版社, 2022.6（2023.4重印）
（南京本土生物多样性科普丛书）
ISBN 978-7-5713-2942-6

Ⅰ. ①长… Ⅱ. ①南… Ⅲ. ①江豚－南京－青少年读物 Ⅳ. ①Q959.841.08-49

中国版本图书馆CIP数据核字(2022)第082219号

南京本土生物多样性科普丛书
长江里的微笑——走近长江江豚

编　　著	南京市生态环境保护宣传教育中心
责任编辑	唐　仪　赵　菁
助理编辑	高荣嵘
营销编辑	王梦青
特邀编辑	张明明
责任校对	仲　敏
责任监制	刘文洋
出版发行	江苏凤凰科学技术出版社
出版社地址	南京市湖南路1号A楼，邮编：210009
出版社网址	http://www.pspress.cn
印　　刷	南京新世纪联盟印务有限公司
开　　本	889 mm × 1 194 mm　1/16
印　　张	2.25
字　　数	60 000
版　　次	2022年6月第1版
印　　次	2023年4月第2次印刷
标准书号	ISBN 978-7-5713-2942-6
定　　价	88.00元（共5册）

图书如有印装质量问题，可随时向我社印务部调换。

南京本土生物多样性 科普丛书

黑暗精灵

——寻梦萤火虫

南京市生态环境保护宣传教育中心 编著

江苏凤凰科学技术出版社 · 南京

编委会

亲爱的读者，非常感谢您能翻开这本记录多样物种的奇妙书页，和我们一同开启访山涉水、穿苇入林的探秘南京之旅！

前言

党的十八大以来，以习近平同志为核心的党中央把生态文明建设摆在全局工作的突出位置，全面加强生态文明建设，谋划开展了一系列根本性、开创性、长远性工作，决心之大、力度之大、成效之大前所未有，生态文明建设从认识到实践都发生了历史性、转折性、全局性的变化，生态环境持续改善，蓝天白云、青山绿水明显增多，人民群众生态环境的获得感、幸福感和安全感显著增强。

“万物各得其和以生，各得其养以成。”生物多样性使地球充满生机，也是人类生存和发展的基础。当人类友好保护自然时，自然的回报是慷慨的；当人类粗暴掠夺自然时，自然的惩罚也是无情的。我们要深怀对自然的敬畏之心，尊重自然、顺应自然、保护自然，构建人与自然和谐共生的地球家园。

南京，六朝古都，十朝都会，自然条件得天独厚，长江穿城而过，河湖点缀其间，山水城林融为一体，江河湖泊相得益彰，生态系统类型多样，珍稀濒危物种较多。近年来，南京市委市政府深入贯彻落实习近平生态文明思想，加大生物多样性保护力度，全面筑牢生物安全屏障，努力绘就高质量发展生态底色。“鸟中大熊猫”震旦鸦雀在六合龙袍湿地芦苇丛中轻歌曼舞，成千上万只花脸鸭在长江新济洲国家湿地公园载歌载舞，“国宝级”东方白鹳在石臼湖滩地翩翩起舞……人与自然和谐共生的画卷在南京徐徐展开。长江江豚、中华虎凤蝶、震旦鸦雀等多种珍稀物种，也成为具有南京地域特色的生态名片。

少年儿童是祖国的未来，也是当前和今后建设美丽中国的重要力量。培养少年儿童对自然的情感，养成良好生态文明习惯，提升环境保护能力，已是当前生态文明教育的重要任务。

南京市生态环境保护宣传教育中心联合江苏凤凰科学技术出版社共同出版的这套“南京本土生物多样性科普丛书”（5册），通过系列探险故事带领我们了解长江江豚、中华虎凤蝶、萤火虫、震旦鸦雀、獐等“明星”物种，探寻物种的生活环境及成长轨迹，分析物种与城市的生存关系，激发公众对南京城市生物多样性的关注和热爱，提升公众生物多样性保护的意识和能力，以期在日常生活中创造参与生物多样性保护的无限可能。

我们真切地相信，生态文明教育传递的生态文明理念，将以润物无声而又持久弥坚的影响，深入街头巷尾，扎根脑海心田；我们真诚地希望，这套色彩丰富、故事生动的图书能够激发少年儿童爱护野生动物、守护自然生态的热情，积极参与并投入实际行动；我们真挚地期待，南京的生态环境将因为每一个环保少年儿童努力的足迹，缔造更美的风景。

南京市生态环境保护宣传教育中心

张华（别名：华叔）

- 自然摄影师
- 科普作家
- 国家环保公益讲师
- 南京环保公益讲师
- 中国摄影家协会会员
- 中华虎凤蝶协会理事
- 南京科普影像协会副会长
- 趣味自然推广人
- 任职于南京报业传媒集团
- 从事专业新闻摄影 18 年

序

“萤火虫萤火虫慢慢飞，夏夜里夏夜里风轻吹……”

记得儿时的夏夜，我摇着蒲扇，躺在家门口的凉床上，遥望满天繁星，总有一些顽皮的小亮点混在星空中。

“萤火虫！”我尖叫着从凉床上蹦起来，顾不上穿鞋子，举着蒲扇向亮点兴奋地追过去，一起追去的还有一群淘气的玩伴。

萤火虫如同童话中的小精灵，扇着翅膀，在空中不急也不慢，忽高忽低地从空中飞过，只留下身后那群兴奋叫喊着的孩子们。慢慢地，它飞向了高高的夜空，没入黑暗中。

那是我永远忘不掉的童年记忆。

一转眼，很多年过去了，我也从乡村搬进了城市。

灯火扮靓了城市的夜，星空失去了神采，那黑暗中的小精灵们也搬进了大山的深处。

工作忙碌，俗世纷扰，儿时玩伴和顽皮的萤火虫被我一道装进了心灵的最深处，成为最难忘的记忆。

它们不该就此被遗忘，它们需要自己的生存家园。

于是，我拿起相机，走进黑暗山林，用不同的方式，述说它们的故事，让更多的朋友，了解、关心、爱护它们，一起保护我们身边这群可爱“小精灵”的生活家园。

张　华

7月，又到了一年中最热的季节。

太阳把云彩赶得远远的，独自霸占了整个天空，它迫不及待地将火辣辣的阳光一股脑儿洒进了大地。

“要不是听保叔说这里有萤火虫，我才不来呢！”顽皮的风车娃坐在一棵大树下，一边抱怨着，一边回忆着保叔讲的故事。

“传说萤火虫是大山里的精灵，只生活在最暗的林子里，他们的舞蹈是森林中最美的风景……”

自打前几天听了萤火虫的故事，风车娃的脑袋里成天想的都是神秘的萤火虫。他恨不得马上冲进大山，亲眼瞧瞧大山里的“精灵”究竟长什么模样！

终于，风车娃还是没忍住，今天一大早，他独自一人偷偷溜进了山林中。

保叔是一位热爱大自然的大叔，他的脑袋里藏着很多新奇有趣的自然故事。

风车娃总喜欢连跑带颠地跟着他去大自然探险。

他们发现了很多有趣的自然奥秘，认识了许多动物朋友，这些都让风车娃大开眼界。

可这一次，风车娃的运气似乎不怎么样。他顶着酷热在林子里转悠了一天，却什么也没找到。

“哼！保叔是个大骗子，哪有什么萤火虫！看我回去怎么揭穿他。”风车娃沮丧地说道。

突然，风车娃觉得屁股一阵刺痛。“哎哟！谁在扎我？”风车娃一下就从地上弹了起来。

他回头一瞧，“我的妈呀！”一只黑色的弓背蚁正死死地咬在他的屁股上。脚下还有一群弓背蚁正冲着他“叽里呱啦”说着什么。

“松口！大蚂蚁快松口！有话好好说！”风车娃忙不迭地摇晃着胖乎乎的大屁股，希望能把蚂蚁给甩下去。

“大胖子，你瞧瞧，你把我们家门口压成什么样啦！”蚂蚁们七嘴八舌地抗议着，风车娃好不容易才弄清楚事情的经过。

原来，自己刚刚一屁股坐下去，不承想正好堵住了蚂蚁的家门。

“哦哦，对不起，我真没看见这里是你们的家门口！”风车娃连忙给蚂蚁们道歉。

"哼！"蚂蚁们还在愤愤不平，他们上下打量眼前这个陌生人，"你是谁？外地来的吧？怎么从没见过你？"

"嗯嗯！我是从山那边的城市里来的。"风车娃一五一十地对蚂蚁们说着自己的经历。

"哦，原来你是来找萤火虫的！"蚂蚁们相互望了望，捧着肚皮哈哈大笑。

就连咬在风车娃屁股上的那只蚂蚁也没忍住，嘴巴一张，从屁股上掉了下来。

"哎哟，真疼！"风车娃揉着火辣辣的屁股，蚂蚁们的笑声把他搞得有点摸不着头脑。

"白天哪能找得到萤火虫啊！只有晚上他们才会出来！"蚂蚁们笑得更厉害了。

蚂蚁们告诉他，只要沿着小溪一直走，就能找到萤火虫。

好不容易打听到萤火虫的消息，风车娃心里又燃起了希望，他开心地哼着歌，向着小溪出发了。

清凉的小溪现在是大山里最热闹的地方，溪水叮咚，驱走了酷暑的燥热。浅水岸边，成群的蝴蝶在戏水嬉戏，他们探出长长的嘴巴，大口大口地吮吸着清凉的溪水。小鸟们在水中扎着猛子，任凭潺潺溪水打湿羽毛，带走午后的酷热。

厚厚的云层不知不觉遮住了傍晚的天空。起风了，大树使劲儿摇晃，云层中隐约传来一阵阵“轰隆隆”的雷声，空气里夹杂着浓重的水汽，一场暴雨眼看就要来了。

山林被风吹得“呜呜”响，像是谁在暗中哭泣。风车娃开始害怕起来。黑漆漆的草丛里会不会躲着什么危险的家伙？树梢间那对明晃晃的大眼睛又是谁？

风车娃止不住地胡思乱想，走着走着，他迷路了。

“哗啦啦”！转眼间，一场暴雨落了下来。雨滴狠狠砸在地面上，发出“啪啪”的响声，狂风使劲摇动着大树，扯下树梢最脆弱的树枝。很快，小溪也变了模样，泥水混着枯枝从上游一路倾泻而下，水位涨得非常快，转眼就没过了风车娃的腰。

“救命，救命啊！”风车娃死死地抓着岸边的茅草，大声地呼救。

就在这生死攸关的时刻，一道亮眼的手电光照在风车娃身上，他迷迷糊糊地看见一个高大的身影正向自己冲来……

不知过了多久，风车娃终于悠悠地醒来了。

“我在哪里？”风车娃发现自己正躺在一顶橘红色的帐篷里，红色的小夜灯把帐篷里照得格外温暖，身上的几处伤口也被白色的纱布包好了。这时，一个熟悉的身影钻了进来。

“保叔！”风车娃激动地喊道。他一把搂住保叔的胳膊，放声大哭起来。

“小家伙，吃到苦头了吧！幸好你戴了手表定位器，要不可真的危险了！”保叔指了指风车娃手上的手表。

“保叔，我知道错了，今后再也不偷偷跑出来了！”风车娃惭愧地低下了头。

“好好休息！等会儿雨停了，带你看最美的风景！”保叔笑眯眯地卖起了关子。

“最美的风景？”风车娃有些纳闷，“这黑漆漆的大山里还能有什么风景可看？”

想着想着，一阵困意袭来，风车娃在滴滴答答的雨水声中睡着了。

等风车娃再次醒过来的时候，外面的雨已经停了，保叔也不在帐篷里。风车娃拉开帐篷门帘，一股泥土的气息迎面而来。

“保叔，保叔？”风车娃轻声叫着。四周一片漆黑，保叔去哪了？

喝饱水的土地很湿滑，眼前有一条小路，在淡淡的月色中曲曲折折，一直伸向远处。

突然，一个圆圆的小光点从风车娃眼前飞过，黄绿色的光点只有黄豆一般大小，一闪一灭，慢悠悠地飘在空中，犹如一盏神秘莫测的小夜灯。

“哇，好神奇！那是什么呢？会不会是哪家农户烧柴火，从烟囱里蹿出的火星子？不对不对，火星子都是红色的，哪有黄绿色的火星子呢？”风车娃自言自语地说着心中的疑问。

“那就是萤火虫。”保叔不知道什么时候站到了风车娃的身后“萤火虫？”风车娃激动地叫了起来。原来眼前这个正在闪光的小家伙，就是他苦苦寻找了一天的萤火虫啊！他刚想仔细瞧一瞧，那闪光的萤火虫就飘飘悠悠地飞进了林子，不见了踪影。

“跟我来！”风车娃紧跟着保叔，沿着小路向林子深处走去。

淡淡的水雾贴着地面缓缓移动着，不知名的小虫躲在茂密的树丛里“窸窸窣窣”地叫着。

走着走着，风车娃兴奋地叫起来：“保叔，这里也有一只萤火虫！”左边的草丛里，果然有一个光点微微闪了一下。

“这里有一只，这里还有一只……”

很快，树林中，越来越多的萤火虫点起了“小灯笼”。他们有的飞到高高的树梢，有的贴着地面仔细搜寻着，好像在寻找什么珍贵的宝贝……

黑暗中，漫天闪烁的“萤光”犹如浩瀚的宇宙星河洒在林间。这是风车娃从来没有见过的壮观场景，他呆呆地站在原地，沉浸在奇妙的世界中。

“太美了！数也数不清！”风车娃忍不住伸手。哇，一只萤火虫竟然落到了他的掌心！

“快看，萤火虫到我手上啦！”风车娃开心地喊着保叔。

萤火虫在手掌中这里看看，那里瞧瞧，尾部一闪一灭的小灯，如同呼吸一般平稳有规律。

“萤火虫为什么会发光呢？”风车娃慢慢把手凑到眼前，仔细看着手心里的萤火虫，“是不是他的肚子里藏着一个打火机？”

“哈哈，当然不是啦！”保叔被风车娃的猜测给逗笑了。

保叔告诉风车娃，萤火虫的体内有荧光素、荧光素酶和其他一些化学物质，当这些物质遇到氧气时，萤火虫就会发出光芒。人类还从萤火虫发光这一现象中得到有益的启示，比如科学家已经成功地合成了荧光物质，在矿井、深水排雷、医学等许多领域都发挥了独特的作用呢！

“快，快，保叔，把手电给我！”风车娃迫不及待地想知道萤火虫究竟长得什么模样。

“看萤火虫时可千万别打手电！后果会很严重的！”保叔这句话像是一盆冰水，把兴致勃勃的风车娃浇了个透心凉。

“为什么呢？”风车娃纳闷地问。

保叔一本正经地解释道：“萤火虫主要是依靠尾部的闪光和同伴们交流，如果我们用手电照射他们，会让他们感到非常不安，那样他们就没办法再找到同伴，更没办法繁衍后代了。”

“原来是这样啊！真可惜，没法看萤火虫到底长什么模样了。”风车娃遗憾地说。正想着，保叔却打开了手电，周围顿时亮起来。

“别开手电呀！”风车娃赶紧把萤火虫合在手掌里，生怕被光线给闪到。

“别担心，我给手电加了个秘密装置。”保叔指了指手电最前方。

风车娃发现，手电的最前方覆盖着一张红色的塑料片，使手电刺眼的白光变成了暗红色。风车娃手中的萤火虫好像对这个光线并不排斥，自顾自地四处爬着。

“看到了吗，萤火虫对红色的光线并不敏感，如果一定想看看萤火虫的模样，可以用红色的灯光暂时照一下。不过，最好还是不用哦！”保叔叮嘱着。

“好的，明白了！”风车娃终于放下了心，仔细端详着手中的萤火虫。

“原来这就是萤火虫啊！”通过手电的光线，风车娃终于看清楚萤火虫的样子。那是一只橙黄色小甲虫，一对黑溜溜的大眼睛在他身体的最前方，尾部两片亮白色的膜片里不断闪出黄绿色的光点。

保叔耐心地向风车娃介绍道：“在我们这座城市里，生活着十多种萤火虫呢。你手里这只叫作‘端黑萤’，是大山里数量最多的萤火虫种类。他们几乎都集中在 6 月末和 7 月中上旬时出来活动，到了 8 月就很难再看到他们了。”

小端黑萤爬到了风车娃的手指尖，他打开翅膀，“呼”地一下，又飞到漫天的“萤光”中。

“小萤火虫再见啦！希望你早点找到好伙伴呀！”风车娃对着端黑萤消失的方向不舍地挥了挥手。

就这样，两人在林中站了许久，直到萤火虫的光点渐渐地少了下来。

“夜深了，咱们也该回去啦！”保叔招呼风车娃往回走。

“好吧……萤火虫们，再见啦！”风车娃一步三回头，满是依依不舍。

回到帐篷里，风车娃赶紧拿出纸和笔，记录着今晚看到的情景。

他在本子上“唰唰”地写着。“可是，萤火虫吃什么呢？”风车娃觉得自己记录的资料里缺少了一项重要的内容，他抬起头向保叔求助。

“猜猜看！”保叔这会儿正弯着腰，忙着捡一只在帐篷边慢悠悠爬着的蜗牛。

“吃树叶？不对不对，吃草？吃果子……”风车娃一口气报出了长长一串萤火虫可能会吃的食物。

“哈哈，一个都没猜中！其实啊，萤火虫的成虫几乎什么也不吃，就偶尔喝点露水，平时都依靠本身自带的营养物质，所以成虫的寿命通常很短，只有几天或者一周多的时间。”保叔解释道。

“啊？只能活几天！”风车娃没想到，这么可爱的萤火虫生命竟然如此短暂，“他们太可怜了。”风车娃伤心得眼泪都快要出来了。

“别难过！”保叔连忙安慰道，“千万年来，萤火虫家族都是这样一代一代生活着，他们在艰难的环境中寻找最适合自己的生存方式，这是他们家族生存下去的最佳选择。”

“那萤火虫宝宝吃什么呢？”风车娃抹了抹眼角的泪花，撇着嘴巴继续问道。

“看！”保叔扬了扬手里的蜗牛。

“什么？萤火虫宝宝竟然吃蜗牛！”风车娃一脸不可置信。

保叔回答道：“是的。萤火虫幼虫可不简单，他们的嗅觉特别灵敏，可以沿着蜗牛爬行时留下的气味沿路追踪，一旦追上蜗牛，他们就会张开锋利的大颚，把麻醉剂和毒液注入蜗牛柔软的身体里，等蜗牛浑身瘫软后，再把他们吸进肚子里。”

风车娃听完后呆住了，他没想到萤火虫的宝宝是这么厉害的蜗牛杀手，不禁担心自己会不会被他们盯上。

“哈哈，别怕！他们对你可没兴趣。”保叔看出了风车娃的担忧，忍不住哈哈大笑。

不知不觉，夜深了。大森林里的小动物们都进入了沉沉的梦乡，而帐篷里的风车娃还缠着保叔问个不停。

保叔被这个问题多多的小家伙折腾得实在受不了，就从背包里翻出一个记录本。“这里记录着萤火虫全部的小秘密，你可要保管好它哦！”风车娃接过记录本，心里乐开了花。

“原来水里还有萤火虫啊！”

“竟然还有浑身都能发光的萤火虫！”

风车娃一页页仔细翻看着。活灵活现的图画，各种有趣的萤火虫小知识，一股脑地出现在他的眼前。

不知不觉中，风车娃抱着“萤火虫秘籍”睡着了。

这天晚上，风车娃做了一个梦。梦中，他又走进了漫天“萤光”的奇妙世界。在许许多多爱心人士的保护下，萤火虫家族的成员越来越多，萤火虫的舞蹈也越来越美。

睡梦中的风车娃开心地笑出了声……

★ 物种名片

萤 火 虫

在昆虫大家族里，萤火虫属于鞘翅目萤科（Lampyridae），是一种小型甲虫，因为尾部能发出“萤光”，所以被称为萤火虫。萤火虫是鞘翅目萤科的泛称，全世界已记录的种类有 2 200 多种，主要分布在温带、亚热带和热带地区。萤火虫一生要经历卵、幼虫、蛹、成虫四个阶段；属于完全变态类昆虫。

根据成虫的活动方式可以分为昼行性、夜行性、昼夜行性三类。而根据萤火虫幼虫的生活环境，可以分为陆生、水生和半水生三类。

陆生萤火虫喜欢生活在植被茂盛，相对湿度高的地方；而水栖的萤火虫则对环境要求更高，一定要生活在没有污染、水流平缓的池塘、溪流或水稻田里。

萤火虫吃什么?

水栖萤火虫的幼虫主要吃螺类、贝类和水中的小动物；而陆栖的萤火虫幼虫则主要以蜗牛、蛞蝓为食，有些种类也吃蚂蚁、白蚁、蚯蚓等小动物。

到了成虫期，萤火虫基本不吃食，偶尔会吸食一些露水或花蜜。

萤火虫幼虫是怎么捕食蜗牛的呢？

萤火虫幼虫头部的下颚须具有嗅觉探测能力，它可以侦测到猎物的味道，一路随着味道追下去，就像警犬一样。

捕猎时，它会用尾足紧紧吸附在蜗牛的外壳上，用一对非常发达的上颚咬住猎物，中空的上颚就像镰刀一样，弯曲锋利。

它咬住猎物的同时，会立即把消化道里的毒素注入猎物身体里。这种有毒的肠液，能在很短的时间里麻痹并杀死、溶解猎物，然后再通过中空的上颚吸食已经溶解的食物。

红胸窗萤老熟幼虫正在捕食蜗牛

一只正在发光的条背萤

萤火虫为什么会发光?

萤火虫之所以能发出光来，是依靠它腹部一个特殊的发光器。这个神奇的发光器由发光层、反射层和透明的表皮组成。

在发光器主体发光层中的化学物质荧光素和荧光素酶与氧气相互作用，生成一些新物质，这些物质经转换后，就发出光亮，这是一个非常奇妙的过程。

在萤火虫发光这样一个氧化过程中，它反应速度的大小，同参与发光反应的氧气量密切相关。氧气由分布于发光器周围的许多气管提供。如果气管提供的氧气十分充足，氧化反应速度就会加快，产生的光就亮；反之光就暗。

萤火虫为什么要发光?

大多数种类的萤火虫是夜行性，晚上尾部的光亮除了用于两性交流，还可以对天敌起到警戒防御的作用。

其实，萤火虫不仅成虫可以发光，有的甚至连卵、幼虫、蛹也会发光。

虽然大多数萤火虫都会发光，但也有少部分日行性萤火虫发光器退化。比如白天活动的红胸窗萤，它尾部的发光器基本已经退化，主要依靠散发性信息素寻找伴侣。

红胸窗萤雌雄二型性，雄性成虫有着完整发达的鞘翅，能够覆盖住胸部和腹部，同时还能保护膜质的后翅，具备飞行能力。雌成虫翅膀退化缩小，仅长着一对小而短的翅芽。雌雄二型性是窗萤属萤火虫的重要特征。

雄性红胸窗萤

萤火虫有没有天敌呢？

自然界中，萤火虫的主要敌人除了多变的天气，还有蛙类、节肢类、鱼类等小型动物。

萤火虫最大的敌人其实是我们人类。

城市中，耀眼的灯光让萤火虫无法看见同伴；郊野中，农药的大面积使用让它们失去了洁净的生存家园。山林里，被砍伐的林木，改变了它们的栖息环境。

挂在蜘蛛网上的端黑萤
雌性红胸窗萤成虫
夜色中正在发光的雷氏萤
黄脉翅萤卵

如何保护萤火虫？

1. 不要捕捉、买卖萤火虫；

2. 在萤火虫保护地要控制光污染，包含路灯、车灯、手电，等等；

3. 不随意改变萤火虫栖息地面貌；

4. 减少水污染，减少农药使用；

5. 合理管理旅游，过度开发会破坏环境。

南京的萤火虫

儿时的夏夜，繁星满天，天空中的星星，永远也数不清。淘气的萤火虫也总在这时提着“小灯笼”前来，就像童话中的小精灵，不急不慢、忽高忽低，从眼前飞过，慢慢消失在夜色中，它们从哪里来，又要去往何方？点点微光，激发无限的遐想。

萤火虫大多属于鞘翅目萤科昆虫，全世界目前发现有 2 200 多种。萤火虫通常生活在有河流、湖泊的地方或森林里。这些生活环境的共同特点是草木繁盛、湿润、没有人造灯光的干扰和农药污染。

萤火虫不仅仅是夏日的精灵，也是重要的环境指示生物，对生存环境要求很高，是一个地区环境优劣与生物多样性的标尺。

7 月的夜晚，南京紫金山“萤光”夜舞，成千上万只萤火虫在黑夜中闪着光，寻找配偶，繁衍生息。这是国内为数不多能在主城区看到如此大量萤火虫的城市之一，称得上是全国首屈一指的萤火虫观赏地与保护地。

多年来，南京市政府部门、专家学者、志愿环保组织，对南京地区萤火虫进行了详细的观察、研究、保护。目前已发现的萤火虫种类有端黑萤、边褐端黑萤、黄脉翅萤、雷氏萤、条背萤、胸窗萤、红胸窗萤，以及雌光萤科等十余种萤火虫。

正因为它们，每年 7 月前后，南京也吸引各地的游客、市民相聚在夜晚的紫金山，一同陶醉在如梦幻般的童话世界中。

雷氏萤三龄幼虫正在捕食水中的螺

产在苔藓中的雷氏萤卵

图书在版编目（CIP）数据

黑暗精灵：寻梦萤火虫 / 南京市生态环境保护宣传教育中心编著. — 南京：江苏凤凰科学技术出版社，2022.6（2023.4重印）
（南京本土生物多样性科普丛书）
ISBN 978-7-5713-2942-6

Ⅰ. ①黑… Ⅱ. ①南… Ⅲ. ①萤科－南京－青少年读物 Ⅳ. ①Q969.480.8-49

中国版本图书馆CIP数据核字(2022)第082223号

南京本土生物多样性科普丛书
黑暗精灵——寻梦萤火虫

编　　著	南京市生态环境保护宣传教育中心
责任编辑	唐　仪　赵　菁
助理编辑	高荣嵘
营销编辑	王梦青
特邀编辑	张明明
责任校对	仲　敏
责任监制	刘文洋
出版发行	江苏凤凰科学技术出版社
出版社地址	南京市湖南路1号A楼，邮编：210009
出版社网址	http://www.pspress.cn
印　　刷	南京新世纪联盟印务有限公司
开　　本	889 mm × 1 194 mm　1/16
印　　张	2.25
字　　数	60 000
版　　次	2022年6月第1版
印　　次	2023年4月第2次印刷
标准书号	ISBN 978-7-5713-2942-6
定　　价	88.00元（共5册）

南京本土生物多样性 科普丛书

苇荡啁啾

——震旦鸦雀迷踪

南京市生态环境保护宣传教育中心 编著

江苏凤凰科学技术出版社·南京

编委会

策　　划　张　健　郝　元

主　　编　戴　虹　褚方樵

执行主编　王　莎

编写人员　张松奎　张　华　袁　屏　姜　盟　陈月龙
赵　月　唐伟利　万　芳　姚文静　汤　洁
杨　柳　赵　彤　关欣悦　汪金宁　恽梦婷
张亦萱　吴　凡　李雨寒　呙　澄　王昱琳

亲爱的读者，非常感谢您能翻开这本记录多样物种的奇妙书页，和我们一同开启访山涉水、穿苇入林的探秘南京之旅！

前 言

党的十八大以来，以习近平同志为核心的党中央把生态文明建设摆在全局工作的突出位置，全面加强生态文明建设，谋划开展了一系列根本性、开创性、长远性工作，决心之大、力度之大、成效之大前所未有，生态文明建设从认识到实践都发生了历史性、转折性、全局性的变化，生态环境持续改善，蓝天白云、青山绿水明显增多，人民群众生态环境的获得感、幸福感和安全感显著增强。

“万物各得其和以生，各得其养以成。”生物多样性使地球充满生机，也是人类生存和发展的基础。当人类友好保护自然时，自然的回报是慷慨的；当人类粗暴掠夺自然时，自然的惩罚也是无情的。我们要深怀对自然的敬畏之心，尊重自然、顺应自然、保护自然，构建人与自然和谐共生的地球家园。

南京，六朝古都，十朝都会，自然条件得天独厚，长江穿城而过，河湖点缀其间，山水城林融为一体，江河湖泊相得益彰，生态系统类型多样，珍稀濒危物种较多。近年来，南京市委市政府深入贯彻落实习近平生态文明思想，加大生物多样性保护力度，全面筑牢生物安全屏障，努力绘就高质量发展生态底色。“鸟中大熊猫”震旦鸦雀在六合龙袍湿地芦苇丛中轻歌曼舞，成千上万只花脸鸭在长江新济洲国家湿地公园载歌载舞，“国宝级”东方白鹳在石臼湖滩地翩翩起舞……人与自然和谐共生的画卷在南京徐徐展开。长江江豚、中华虎凤蝶、震旦鸦雀等多种珍稀物种，也成为具有南京地域特色的生态名片。

少年儿童是祖国的未来，也是当前和今后建设美丽中国的重要力量。培养少年儿童对自然的情感，养成良好生态文明习惯，提升环境保护能力，已是当前生态文明教育的重要任务。

南京市生态环境保护宣传教育中心联合江苏凤凰科学技术出版社共同出版的这套“南京本土生物多样性科普丛书”（5 册），通过系列探险故事带领我们了解长江江豚、中华虎凤蝶、萤火虫、震旦鸦雀、獐等“明星”物种，探寻物种的生活环境及成长轨迹，分析物种与城市的生存关系，激发公众对南京城市生物多样性的关注和热爱，提升公众生物多样性保护的意识和能力，以期在日常生活中创造参与生物多样性保护的无限可能。

我们真切地相信，生态文明教育传递的生态文明理念，将以润物无声而又持久弥坚的影响，深入街头巷尾，扎根脑海心田；我们真诚地希望，这套色彩丰富、故事生动的图书能够激发少年儿童爱护野生动物、守护自然生态的热情，积极参与并投入实际行动；我们真挚地期待，南京的生态环境将因为每一个环保少年儿童努力的足迹，缔造更美的风景。

南京市生态环境保护宣传教育中心

袁屏

江苏省科普作家协会会员，南京江豚保护协会理事，《科学大众》特约作者、《儿童故事画报》专栏作者、《幼儿 100》杂志专栏作者、《中国鸟类观察》编辑部编辑。

和钟嘉等合著少儿科普读物《岩羊在等狼回来》。在《南京日报》《森林与人类》《金陵晚报》等多种报刊上发表过多篇作品。

博物观察爱好者，十几年来，走遍祖国各地，从高山到海滨，从南到北，探寻大自然的奥秘，记录了很多珍稀的物种！

序

2006年，南京的观鸟爱好者还没有在野外见过震旦鸦雀。那时候我刚刚开始观鸟，每当走到长江边的芦苇丛，都要仔细寻找震旦鸦雀的身影，因为震旦鸦雀是世界野鸟家族中唯一一种以南京为模式标本产地的鸟。从1871年韩伯禄在南京找到第一只震旦鸦雀，到2006年已经过去了130多年，南京还有震旦鸦雀吗？这是我们迫切想寻找震旦鸦雀的原因之一。

2007年的深秋，我们在南京六合的龙袍湿地见到了日思夜想的震旦鸦雀。此后，我们在南京的七里河湿地找到了一个稳定的种群，那一片苇塘紧靠长江，芦苇茂盛。

随着七里河湿地的开发，耸立的高楼代替了原先的湿地，芦苇荡然无存，那群震旦鸦雀何去何从？绿水湾湿地的芦苇面积也在逐年减少，想在绿水湾找到震旦鸦雀比买彩票中奖还难。还好，南京龙袍湿地的芦苇面积这几年正在恢复中，震旦鸦雀又开始在芦苇荡中时隐时现。

期待南京沿江的芦苇荡能够连接起来，让震旦鸦雀能够沿着江边生息！

长江江豚跃，岸边鸦雀闹，山中有虎蝶，这才是最美的南京！

袁 屏

一月，南京的天气已经很冷了，风车娃每天早上都赖在温暖的被窝里不想起床。

星期天的早晨，天蒙蒙亮，风车娃就被保叔从被窝里拎了起来。风车娃揉着眼睛，一脸不情愿：“保叔，起这么早干什么呀？我还没睡醒呢！”

保叔笑道：“你不是一直想去观鸟吗？咱们今天就去。俗话说，要想拜访鸟，就要起得比鸟早。”

风车娃来了精神，他连忙穿戴好出门的行头，还一个劲儿地催促保叔：“快点，快点！”

风车娃之前跟着保叔去过南京的中山码头看黑鸢。那天，有一只黑鸢飞得特别低，就像一只大风筝从风车娃的头顶飘过去，风车娃从来没见过这么大的鸟。黑鸢有着褐色的羽毛，嘴巴像个钩子，是用来撕扯猎物的。保叔说黑鸢是南京的留鸟，喜欢在江边抓鱼吃，南京人把它们叫作“老鹰”。后来，风车娃在紫金山也见过黑鸢，他很羡慕黑鸢能一动不动地飘浮在空中，如果他也能这样飘在天上该有多神气！

今天保叔要带风车娃去找的鸟名字非常响亮，叫震旦鸦雀。

保叔有一本书，上面画了很多鸟，全中国的鸟差不多都能在这本书上找到。保叔说这是《中国野鸟图鉴》，是观鸟人的宝典，就好比小学生用的字典一样，遇见不认识的鸟在书上一查，准能找到答案。书上的震旦鸦雀长着黄色的嘴巴，嘴巴的形状和鹦鹉的很相像，嘴尖弯弯像钩子，它的头是灰色的，眼睛上方有一条黑色的长眉纹，尾巴长长的。

保叔一边开车，一边给风车娃讲震旦鸦雀的故事。“震旦”是古代印度对华夏大地的称呼，以一国之名称呼一种鸟，说明这鸟非常特别，很可能在全世界都是独一无二的，是中国特有的一种鸟。

1871 年 12 月，法国传教士韩伯禄在江苏南京的长江边采集到一种很特别的鸟类标本，这种鸟在世界鸟类名录中还没有记录，1872 年由法国著名博物学家阿芒·戴维命名为震旦鸦雀。

风车娃好奇地问道：“除了南京，其他地方还有震旦鸦雀吗？如果没有，是不是应该给它改个名字，叫南京鸦雀或者金陵鸦雀？”

保叔哈哈大笑：“其他地方当然也有，南京只是人们最早采集到震旦鸦雀标本的地方。我国东部的沿海地区，从辽宁到浙江，很多地方都能见到震旦鸦雀的身影，北京、河南、江西、安徽这些地方也栖息着一部分震旦鸦雀。”停顿了一下，保叔又说：“虽然分布地区很多，但是由于这些年很多芦苇滩涂被开发，加上人们在冬季收割芦苇等威胁，震旦鸦雀的数量越来越少，已经被《世界自然保护联盟濒危物种红色名录》（IUCN）列为全球性近危物种，因此还被大家称为‘鸟中大熊猫’。”

风车娃听完十分惊讶：“震旦鸦雀原来这么珍稀啊，好想早点看到它！我们要去哪里找震旦鸦雀呢？”

保叔没有直接公布答案，而是说道：“震旦鸦雀是中国唯一一种只生活在芦苇荡中的鸦雀，它们一生都以芦苇滩涂为家，不作长距离迁徙。它们“噼噼啪啪”地剥芦苇，是在取食芦苇茎秆中的各种昆虫，因此，足够大的芦苇荡才能找到满足它们生存和繁衍的食物。”

“哦，我知道了，去有大片芦苇的地方找！”风车娃高兴地叫道。

过了长江隧道，保叔看着周围林立的高楼，心情变得有些沉重：“从前，这里是七里河湿地。在湿地中有一片很大的芦苇荡，那里生活着一群震旦鸦雀，我每次去都能找到它们。只要听到‘嘘嘘嘘嘘’的鸣叫，循着声音，就能找到它们啦！真可惜，这里永远不会看到震旦鸦雀了。你看，这里现在变成了汽车、楼房、商店、餐馆的天地……当年生活在这里的震旦鸦雀，它们多可怜，没有人在乎它们去了哪里，还能不能活下去。”

保叔痛心地回忆着往日的情景，十分担心震旦鸦雀的命运，风车娃听得眼泪都快流下来了。

保叔叹了口气，说：“走，我们去绿水湾湿地公园碰碰运气吧！那里以前也有不少震旦鸦雀呢！”

等他们来到绿水湾湿地，才发现这里的变化太大了。从前一眼望不到边的芦苇荡，如今都变成了一个个鱼塘。鱼塘附近还架起了一条长长的栈道，把原来连着的芦苇荡切分成很多小芦苇丛。唉，震旦鸦雀可不喜欢这样的地方！

这时，风车娃听到芦苇荡里有鸟在叫，不过，不是“嘘嘘嘘嘘”，而是“叽叽叽叽”。芦苇也在摇来摇去，里面肯定有鸟。

“保叔，我看到一个棕红色的脑袋，哎哟，身体也是棕红色的，嘴巴很厚很短，也带个钩子，它正抱着芦苇啃呢！”风车娃虽然调皮，但是视力不错，他把看到的情况一一汇报给保叔。

保叔也看到了风车娃说的那只鸟：“哦，这是棕头鸦雀，它们很喜欢在芦苇荡里玩耍觅食，它啃芦苇是在找芦苇秆里的虫子。不过棕头鸦雀在其他地方也能见到，它们喜欢住在低矮的灌木丛里，城市里的公园、小区，乡村的野地、林地都能见到它们。”

“保叔，走了这么久，我的腿都要迈不动了。震旦鸦雀到底在哪儿呢？”风车娃累得气喘吁吁。

保叔叹了口气：“唉，绿水湾的芦苇变少了，想在这里找到震旦鸦雀也不容易了。”

风车娃有点伤心，难道今天就见不到震旦鸦雀了吗？保叔安慰道：“我们再去六合的龙袍湿地看看吧，那边的芦苇荡要多一些，我第一次见到它们就是在龙袍湿地。”

保叔带着风车娃转战龙袍湿地。江对面正好有座山，保叔告诉他那是栖霞山，和龙袍湿地隔江相望。

风车娃环顾四周，指着一片芦苇喊道：“那边有一大片芦苇荡，我们去看看吧！”他一边走，一边自言自语地说：“这片芦苇荡真漂亮，我要是震旦鸦雀，就住这里吃吃喝喝，然后快快乐乐地过上一辈子，哈哈！”

保叔哑然失笑：“震旦鸦雀当然也喜欢在这里快快乐乐地生活啦。不过，龙袍湿地的芦苇以前一到冬天就被人收割了去卖钱，这样的芦苇荡经常说没就没了。还好，这几年割芦苇的工资上涨了，卖芦苇也不赚钱了，所以已经好几年没人来割芦苇了。对于震旦鸦雀来说，这是再好不过的事情了，芦苇越多，它们能够找到的虫子越多，冬天就能吃饱肚子了。”

“嘘嘘嘘嘘、嘘嘘嘘嘘。”芦苇丛中传出一阵叫声。“听到没，这就是震旦鸦雀的叫声！”风车娃顺着保叔指的方向看去，只见那边的芦苇在晃！

保叔把望远镜递给风车娃，风车娃看到几只跟书上一模一样的鸟儿正抱着芦苇，用像钳子一样的大嘴巴“噼噼啪啪”剥芦苇呢！风车娃小声地数着：“1、2、3、4、5、6……保叔，12 只呢！我看到了 12 只震旦鸦雀。”

风车娃兴奋地跳起来：“它们太可爱了，你看那一只，站在芦苇上面东张西望，是在欢迎我们吗？”

保叔轻声说道：“嘘，那可不是欢迎咱们。震旦鸦雀冬天是集群过冬的，这是放哨的哨兵，一旦发现有危险，它就会立刻报警。所以啊，我们尽量小心前进，保持安静！”

“哇，它们太厉害了，还有哨兵！”风车娃看到3只震旦鸦雀正挤在一块，互相梳理羽毛。远远看去，它们的脑袋真大，像个大头宝宝。这时，一只震旦鸦雀刚好从芦苇里叼出来一只小虫子。难怪它们需要很大的芦苇荡，这虫子这么小，要吃很多很多才能吃饱吧！

风车娃一边想，一边又有了新发现：“保叔，我发现震旦鸦雀每次都飞不远，也飞不高。”

保叔表扬道：“不错不错，观察得真仔细。震旦鸦雀的飞行能力并不强，一般只能从一片芦苇飞到另外一片芦苇，这是因为它们长期在芦苇荡中生活，已经不需要很强的飞行能力了。”

风车娃小声嘀咕：“这芦苇荡里只有震旦鸦雀吗？”

保叔笑道：“当然不是啊。看！那只红肚皮、翅膀上有两块醒目白斑的漂亮小鸟，叫北红尾鸲，它是来南京越冬的鸟。在南京越冬的鸟就是冬候鸟，在南京过夏天的鸟是夏候鸟。震旦鸦雀不迁徙，一年四季都在芦苇荡里生活，是南京的留鸟，所以芦苇荡是它唯一的家。”

见风车娃点了点头，保叔继续说道：“如果我们春天来，震旦鸦雀的歌声才动听呢！不过，春天寻找震旦鸦雀可没那么容易。现在是冬天，芦苇叶枯萎，震旦鸦雀大多聚在一起进行集群活动，我们比较容易发现它们。而一到繁殖季节，震旦鸦雀就会分散开来，为了安全，它们会选择隐蔽的地方筑巢，很不容易被发现呢！”说到这里，保叔的语气变得严肃起来：“如果你在芦苇中发现了正在筑巢的震旦鸦雀，要用望远镜远远地观察，千万不要靠得太近。不然的话，它们一旦受到外界的干扰，就会弃巢。”

风车娃一本正经地做着保证：“嗯，我明白了，我一定严格按照保叔说的去做，还要提醒其他人不要打扰震旦鸦雀的生活！”

看着震旦鸦雀忙着“噼噼啪啪”地剥芦苇，保叔又说起一件好玩的事情：“我听一位生活在南京江北的人说，30 多年前，他们那里江边的芦苇浩瀚无边。那时，江边的震旦鸦雀数量也很多，附近的百姓给它们起了一个很有趣的名字——剥柴雀。”

风车娃忍不住笑起来：“哈哈，剥柴雀的名字太形象了，它们可不就是天天在忙活着剥芦苇吗。”说完，他又为震旦鸦雀们愤愤不平：“现在想看它们剥芦苇可太难了，人类欺负鸟儿不会说话，总是占领它们的家园。”保叔点点头，表示同意。

风车娃有些难过地问保叔：“那怎么办呀？我们要怎么帮助震旦鸦雀呢？”

保叔看向远处的芦苇荡，一字一句地说道：“保护沿江湿地，留住这芦苇荡。我们留住的不仅是震旦鸦雀，还有很多和震旦鸦雀一起生活在芦苇荡、生活在湿地里的其他生灵。”

风车娃把保叔的话认真地记在了心里。

“保叔，我看到一只很小的‘剥柴雀’。它非常小，比震旦鸦雀小很多，简直就是个小不点。”风车娃好奇地说道。

保叔回答道：“哦，那是中华攀雀！它们也是芦苇荡中的居民。不过，它们不像震旦鸦雀那样是芦苇荡里的永久居民，春天，它们就会返回北方的繁殖地了。它是南京地区住在芦苇荡中个头比较小的鸟，身长只有10~11厘米。中华攀雀经常集小群活动，它们不像震旦鸦雀喜欢大面积的芦苇荡，有时候，池塘边的一小丛芦苇，它们也会光顾。”保叔百科全书般地解答了风车娃的疑问。

没走几步，风车娃又发现一只个头很小的鸟。保叔告诉他，那是棕扇尾莺，它的尾巴不长，打开时像一把小扇子。棕扇尾莺的尾端黑白相间，很有特点，它的体长只有 10 厘米，也是一种娇小玲珑的鸟儿。它们的飞行能力很高超，春天，它们会在草丛上空低飞，边飞边发出“叮叮、叮叮”的鸣叫。

风车娃赞叹道：“这些鸟儿真有意思，芦苇荡中还有别的鸟吗？”

保叔胸有成竹地说：“当然有，每年的十月，各种鸭就陆续从北方来南京越冬了，很多鸭也喜欢在芦苇里生活。等会儿我们来数一数，看今天能找到多少鸭。”

“鸭是什么？”风车娃第一次听到这个名字。

“‘鹀’是一些长得跟麻雀差不多大的鸟的统称，它们主要吃植物的种子。每年到南京越冬的鹀可多了，能在芦苇丛里见到的就有很多种：灰头鹀、苇鹀、小鹀、黄喉鹀、芦鹀……”保叔如数家珍，“瞧！那边那只灰脑袋的鸟就是灰头鹀，它们喜欢在低矮的灌木丛里钻来钻去，它们不啃芦苇秆，但是芦花上的种子是它们喜欢的食物。鹀的嘴巴很厚实，那就是专门为吃种子准备的。”保叔指着远处的一只鸟说：“苇鹀也是来南京越冬的，这种鸟名字里都有‘苇’，可见它们多么喜欢芦苇。芦苇的种子是它们冬天的主要食物。冬天，各种‘鹀’的鸣唱都是很细小的‘喳、喳、喳’，不过等到春天，它们飞回北方的时候，鹀就变成歌唱家了。”

不知不觉，太阳就要下山了。保叔带着风车娃往回走。

风车娃看着芦苇荡在夕阳映照下的美丽剪影，忍不住说出了自己的担忧：“保叔，我今天真是既开心又难过。开心的是，我们的运气不错，看到了震旦鸦雀。难过的是，震旦鸦雀本来在南京有很多的家园，现在就只剩下龙袍湿地这个地方还能见到它们了。如果龙袍湿地的芦苇荡也被开发了，那我们以后在南京就见不到震旦鸦雀了。南京可是人们第一次发现这种鸟的地方啊！”

保叔欣慰地点点头说：“所以，我们要呼吁环保部门尽快恢复南京沿江的芦苇荡，让这种珍稀又可爱的鸟儿重返南京长江湿地。回去以后，你也可以把震旦鸦雀的故事讲给你的小伙伴听，让更多的人来关心住在芦苇荡中的‘鸟中大熊猫’。”

★ 物种名片

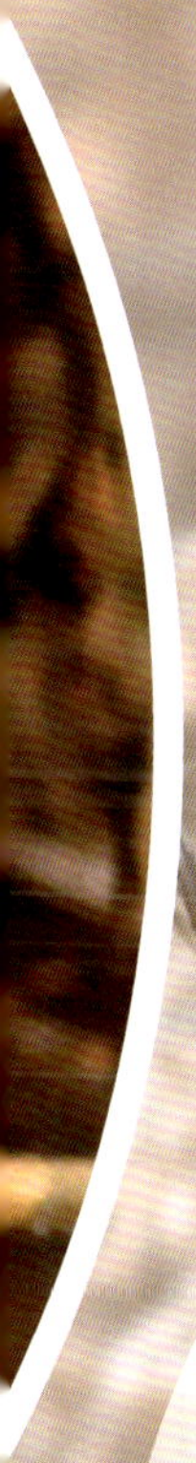

震旦鸦雀

中国是鹛类的主要分布区，有“鹛类王国”之称。在中国野鸟家族中，雀形目是一个大家族。雀形目画眉亚科中有一个长相特别、非常可爱的鸦雀科的家族，它们的嘴短而厚，像鹦鹉的嘴，喜欢集群在灌木丛中活动。全世界共有21种鸦雀，中国有19种。在这19种鸦雀中，有一种非常特别的、只生活在芦苇荡中的鸦雀，那就是震旦鸦雀。

震旦鸦雀的分布与现状

根据资料记载，震旦鸦雀分布于我国黑龙江、辽宁、河北、江苏、山东、河南等有芦苇的湿地。

虽然分布广泛，但是因为人类的活动使得芦苇荡的面积不断缩小，对芦苇荡高度依赖的震旦鸦雀数量随之急剧下降。

震旦鸦雀被收录于由王松、郑光美、王岐山合著的《中国濒危动物红皮书：鸟类》（科学出版社 1998 年出版），列入《世界自然保护联盟濒危物种红色名录》（IUCN）2016 年 ver3.1——近危。

南京是震旦鸦雀模式标本产地，沿江湿地的开发，使得震旦鸦雀种群逐年减少，现在只有六合龙袍湿地还可以见到震旦鸦雀的身影。留住震旦鸦雀，维护生物多样性，恢复长江滩涂芦苇湿地的面积是迫在眉睫的事情。

白尾鹞

震旦鸦雀的天敌

震旦鸦雀生活在野外，也会遭遇猛禽的捕食，比如红隼、白尾鹞等。蛇会顺着芦苇秆爬上震旦鸦雀的巢偷吃鸟蛋。有研究者发现，螃蟹也会爬到巢里偷袭震旦鸦雀的幼鸟。

大杜鹃偶尔会把蛋下在震旦鸦雀的巢里，让震旦鸦雀的爸妈白辛苦。等到大杜鹃宝宝孵出来，还会把震旦鸦雀的宝宝挤出去。

但是对震旦鸦雀最大的威胁还是栖息地的消失，留住芦苇荡才是保护震旦鸦雀最好的方法。

（叶海江　图）

（万思成　图）

为什么要保护震旦鸦雀？

地球上的生物都是紧密相连的。震旦鸦雀在芦苇中生活，以芦苇秆中的虫为食，保护了芦苇；芦苇根茎发达，既能加固河湖堤坝，又能净化水质。大自然中的每一个物种的存在都是有价值的，缺一不可。

（王晓梅　图）

为什么说震旦鸦雀是“鸟中大熊猫”？

大熊猫是举世闻名的珍稀野生动物，因此它是被保护的野生动物的代表和标尺。把亟待保护的濒危物种以大熊猫之名来衡量，更能唤起大众的认同和关注。

我们能为震旦鸦雀做些什么？

向更多的人介绍这种生活在芦苇荡中的可爱小鸟，唤起社会各界的共同关注。在城市规划和湿地开发的项目中留住震旦鸦雀的栖息地。

图书在版编目（CIP）数据

苇荡啁啾：震旦鸦雀迷踪 / 南京市生态环境保护宣传教育中心编著. — 南京：江苏凤凰科学技术出版社，2022.6（2023.4重印）
（南京本土生物多样性科普丛书）
ISBN 978-7-5713-2942-6

Ⅰ. ①苇… Ⅱ. ①南… Ⅲ. ①鸟类－南京－青少年读物 Ⅳ. ①Q959.708-49

中国版本图书馆CIP数据核字(2022)第082186号

南京本土生物多样性科普丛书
苇荡啁啾——震旦鸦雀迷踪

编　　著	南京市生态环境保护宣传教育中心
责任编辑	唐　仪　赵　菁
助理编辑	高荣崃
营销编辑	王梦青
特邀编辑	张明明
责任校对	仲　敏
责任监制	刘文洋
出版发行	江苏凤凰科学技术出版社
出版社地址	南京市湖南路1号A楼，邮编：210009
出版社网址	http://www.pspress.cn
印　　刷	南京新世纪联盟印务有限公司
开　　本	889 mm × 1 194 mm　1/16
印　　张	2.25
字　　数	60 000
版　　次	2022年6月第1版
印　　次	2023年4月第2次印刷
标准书号	ISBN 978-7-5713-2942-6
定　　价	88.00元（共5册）

图书如有印装质量问题，可随时向我社印务部调换。

南京本土生物多样性 科普丛书

山林魅影

——探秘獐子

南京市生态环境保护宣传教育中心 编著

江苏凤凰科学技术出版社 · 南京

亲爱的读者，非常感谢您能翻开这本记录多样物种的奇妙书页，和我们一同开启访山涉水、穿苇入林的探秘南京之旅！

前　言

党的十八大以来，以习近平同志为核心的党中央把生态文明建设摆在全局工作的突出位置，全面加强生态文明建设，谋划开展了一系列根本性、开创性、长远性工作，决心之大、力度之大、成效之大前所未有，生态文明建设从认识到实践都发生了历史性、转折性、全局性的变化，生态环境持续改善，蓝天白云、青山绿水明显增多，人民群众生态环境的获得感、幸福感和安全感显著增强。

“万物各得其和以生，各得其养以成。”生物多样性使地球充满生机，也是人类生存和发展的基础。当人类友好保护自然时，自然的回报是慷慨的；当人类粗暴掠夺自然时，自然的惩罚也是无情的。我们要深怀对自然的敬畏之心，尊重自然、顺应自然、保护自然，构建人与自然和谐共生的地球家园。

南京，六朝古都，十朝都会，自然条件得天独厚，长江穿城而过，河湖点缀其间，山水城林融为一体，江河湖泊相得益彰，生态系统类型多样，珍稀濒危物种较多。近年来，南京市委市政府深入贯彻落实习近平生态文明思想，加大生物多样性保护力度，全面筑牢生物安全屏障，努力绘就高质量发展生态底色。“鸟中大熊猫”震旦鸦雀在六合龙袍湿地芦苇丛中轻歌曼舞，成千上万只花脸鸭在长江新济洲国家湿地公园载歌载舞，“国宝级”东方白鹳在石臼湖滩地翩翩起舞……人与自然和谐共生的画卷在南京徐徐展开。长江江豚、中华虎凤蝶、震旦鸦雀等多种珍稀物种，也成为具有南京地域特色的生态名片。

少年儿童是祖国的未来，也是当前和今后建设美丽中国的重要力量。培养少年儿童对自然的情感，养成良好生态文明习惯，提升环境保护能力，已是当前生态文明教育的重要任务。

南京市生态环境保护宣传教育中心联合江苏凤凰科学技术出版社共同出版的这套“南京本土生物多样性科普丛书”（5 册），通过系列探险故事带领我们了解长江江豚、中华虎凤蝶、萤火虫、震旦鸦雀、獐等“明星”物种，探寻物种的生活环境及成长轨迹，分析物种与城市的生存关系，激发公众对南京城市生物多样性的关注和热爱，提升公众生物多样性保护的意识和能力，以期在日常生活中创造参与生物多样性保护的无限可能。

我们真切地相信，生态文明教育传递的生态文明理念，将以润物无声而又持久弥坚的影响，深入街头巷尾，扎根脑海心田；我们真诚地希望，这套色彩丰富、故事生动的图书能够激发少年儿童爱护野生动物、守护自然生态的热情，积极参与并投入实际行动；我们真挚地期待，南京的生态环境将因为每一个环保少年儿童努力的足迹，缔造更美的风景。

南京市生态环境保护宣传教育中心

陈月龙

江苏省南京市野生动物救护中心技术主管

野生动物保护行动者

序

多年来的野生动物救护和保护工作，让我对各种各样的野生动物充满感情。在救助它们的过程中，见到很多野生动物的悲惨遭遇，可以说每一个救助案例都是一个故事。这些故事往往发生在城市中或者周围，由于我们人类有意无意的选择给野生动物造成了困扰。生活在城市中的野生动物也让我有很多新的感受，它们选择了适应我们人类的生活，它们改变着自己的生活。我们可以通过自己的努力，更好地和这些物种共存，共同分享身边的自然资源。

在城市中能和獐相遇，毫无疑问是梦幻的体验。鹿科动物自带仙气，给山林增添了灵性。我第一次去紫金山的时候就和獐不期而遇，虽然短暂对视之后它拔腿就跑，两秒钟之内就消失在树林之中，但仍然给我带来很多感动和力量。

保护獐子，不仅仅是保护这一个物种，更重要的是保护獐子的栖息地，保护这片栖息地中生存着的各种生命，同时，我们人类也是这片栖息地中的一员，我们和身边的野生动物们同呼吸共命运。

希望这样的美丽生灵可以永远地生活在那些原本就属于它们的土地上，也相信我们可以和獐以及它们身边的其他物种一起共同分享地球上的自然资源。

陈月龙

清晨，野外的小山坡上，放着一只带盖的箱子。盖子刚刚打开一道小缝，明亮的光照到一只獐子的脸上，它的眼神充满了疑惑和不安。

随着盖子整个打开，缩在箱子里的獐子看到了头顶上的蓝天、白云，看到了四周的大树和草地，它伸展四肢，一个箭步跳出箱子。

看到旁边站着几个人，獐子撒腿就跑，它大腿的爆发力极强，三跳两跳就消失在了灌木丛中。周围那几个人只是远远地看着獐子逃跑的方向，并没有去追。

獐子一口气跑出去好几千米，翻过一个小山头，看周围安静又隐蔽才停下脚步。虽然没有人跟过来，但是它扭头便看到了风车娃。想到这个样貌奇怪的家伙一路都在尾随自己，獐子警惕地问：“你是谁？跟着我干吗？”

看獐子停了下来，风车娃终于能喘口气了。他上气不接下气地说：“小獐，你跑得可真快！现在我们安全了，先休息会儿再说！”

獐子松了口气：“原来你也是从坏人那里跑出来的啊！刚才要不是我机警，趁坏人没注意的时候冲出来，现在还在小黑箱子里面关着呢！”

风车娃笑得坐在了地上：“哈哈，什么坏人啊，那是保叔和其他几位动物专家！我就是他们派来的。”

獐子一听拔腿就跑，风车娃赶紧喊道：“别跑，别跑，你听我说呀，再跑我可就真追不上啦！”

獐子停住脚步打量着风车娃，只见这家伙个子不大，看着蛮可爱的，倒也不像是什么坏东西，就准备听听他能说些什么。

风车娃问道：“小獐，你还记得你是怎么被人抓到的吗？”

獐子说：“当然记得啊。一天晚上，我在山下溜达，走着走着来到一条很宽的马路上，我正横穿着马路往前走，谁知转弯处忽然出现了一辆车，吓得我两腿发软，站在那里不知道怎么动了。虽然车子“嘎吱”一下刹住了，可还是蹭到了我，好在当时车速很慢，要不我可能当场就得被撞得一命呜呼，可即便如此，我还是倒在地上疼得站不起来。”

獐子一边回忆，一边说：“后来司机下来打了电话，过了一阵，救护车就来了，把我送到一个什么动物中心，再后来就被一群人从车上抬了下来，在我身上摸来摸去，还把我带到一间奇怪的屋子里。”

风车娃笑道：“那是我们南京市的野生动物救护中心，就在南京红山森林动物园的里面，他们摸来摸去，是给你检查身体，而且带你到了放射室，拍了 X 光看你有没有骨折。当时给你检查的邓院长今天放你时也在场。”

“是吗？”獐子继续说，“后来他们还用针扎我，给我灌苦水。”

风车娃无奈地解释道：“那是采血化验和打针吃药啊，不然你怎么能好得这么快。”

獐子若有所思地说：“后来他们又把我关在一个大屋子里，里面虽然有吃有喝的，但是出不去啊。”风车娃着急地说道：“对啊，因为你当时伤还没好。保叔曾经带我去看过你。”

獐子生气地说：“什么？你当时就看过我？那怎么不救我出去！”

风车娃叹了口气：“唉，你还是没听明白，那些人就是救护中心的。他们的凌老师说你受的伤不严重，但是撞击导致你的软组织损伤和疼痛会让你行动困难，所以暂时还不能放你回归山林。人家说了，等你腿好了就会尽快让你重回野外的。人家给你治病养伤，现在痊愈了又把你放回野外，人家可不是坏人啊！”

獐子陷入沉思，过了半天，终于开口说道：“照你这么一说，倒是讲得通了……”它找了一块柔软的草地卧下继续说：“好吧、好吧，我相信你一回。不过，你现在干吗还跟着我？”

风车娃清了清嗓子："终于轮到我来自我介绍了，我叫风车娃，是人类的好朋友。他们这次派我跟着你重回野外，是想让我跟你一起生活一段时间，然后把你生活的情况，遇到的困难告诉他们。他们不光帮助了你，还希望能帮助你的同类。这还是保叔的主意呢！"

獐子疑惑道："这样啊！不过，为什么放我回野外，却还在我脖子上带个链子？这不还是要拴我吗？"

风车娃赶紧解释："小獐，这可不是用来拴你的，这是那几位动物专家的法宝。保叔说过，有了这个，动物学家就可以在研究室的电脑上实时了解你去过什么地方了。"

獐子紧张地喊道："啊！难道还要把我抓回去啊？"

风车娃忙说："不是不是，这是为了更好地了解你的活动情况，目的是为了更好地保护你和你的同伴们！"

獐子低头看着脖子上的项圈，最终选择相信风车娃的话。

休息了一会，獐子和风车娃的体力都得到了恢复，獐子准备起来活动活动。风车娃问道：“天色已经很晚了，你还要去溜达不成？”

獐子回答道：“我们獐子不管是在白天还是晚上都会活动的。我们最喜欢在清晨和黄昏出动，吃东西啊，散步啊都可以。中午是午休时间，我们一般会找个草丛或者灌木丛躲起来睡个午觉，到了夜晚，我们也要先去找点吃的，然后再休息。”

风车娃答应道：“好的，就按你的作息来，保叔特别嘱咐过我，一定要随着你们的习惯来。”

随后，风车娃就跟着獐子一起开始了巡山之旅。走在大自然中的感觉与走在车水马龙的城市中完全不同。周围的一切不再是喧嚣嘈杂的声音，而是充满了各种自然之声。树上的鸟不停地鸣叫，水边的蛙也在呱呱大叫，蟋蟀、螽斯更是昆虫中的音乐家。尤其到了夜晚，森林中便会上演一场场的“交响乐”，不同的物种带来不同的声音，一场盛大的演出由非常多的动物合作完成。

獐子带着风车娃听着不同的乐章，同时也享受着自己重回野外的自由时光。不过，獐子每天做得最多的事情就是在山野间走来走去，四处不停地找吃的。

几天过去，风车娃终于忍不住问道：“小獐，你怎么每天都在不停地吃饭啊，边走边吃，边吃边走，除了睡觉就没见你停过啊！”

獐子嚼着满口的青草，含糊不清地说：“谁让我是食草动物呢！瞧瞧我们能吃的东西，树叶、草，外加一些果实和种子，这些东西营养价值不高，太不管饱了，所以我才不停地吃。幸好在这山林里，这些食物到处都是，不然我每天就只能饿肚子了。”

风车娃恍然大悟：“原来是这样啊，怪不得你不停地吃呀吃，之前我还担心再这么吃下去，你会变成一只小胖獐呢！”

獐子继续往前走。风车娃之前的注意力都在獐子吃的东西上，这会儿才发现，獐子低头吃草的时候，耳朵会转来转去。风车娃看着好玩，就摸了摸獐子毛茸茸的耳朵。

獐子赶紧抬起头甩甩耳朵，还警惕地看向四周。他严肃地对风车娃说：“我的耳朵你可不能动啊，我低头吃草时，眼睛就看不到远处的东西了，只能通过耳朵转向不同的方向来掌握周围的情况，探测周围的危险。我们食草动物很可怜的，稍有松懈就可能被捕食。”

风车娃点点头：“我明白了，但是跟你在山里转了这么多天，也没遇到什么危险啊？”

獐子神情紧张地说：“那是你不知道。前天中午休息的时候，我不是突然爬起来跑走了嘛，那是因为我听到了危险的声音，赶紧逃跑了！”

风车娃明白过来：“原来你是在躲避危险啊，我还以为你当时就是想起来跑跑跳跳呢。话说，在这片山林里，你最怕遇到的是哪种猛兽啊？”

獐子脱口而出：“狗！”

风车娃吃惊不已：“不是吧，狗狗那么可爱，怎么会可怕呢？”

獐子忽然颤抖起来，他悲伤地回忆起一件往事：“你一定没见过恢复野性的流浪狗。在山林里，被遗弃的流浪狗会成群结队，有组织、有策略地捕食。有一次，我眼睁睁地看着一个同伴被流浪狗围追堵截，最后……要不是她，被吃的可能就是我了。”说到最后，獐子的眼泪都流下来了。

风车娃听着獐子的故事，也忍不住伤心起来：“真想不到，竟然会发生这种事情！这个我要记下来，回去告诉人们，不要随便遗弃自己的宠物，这既是对狗狗的不负责任，同时还会给野生动物带来生存的威胁。”

獐子叹了口气，说：“不光是我，流浪狗对于森林中生活着的其他野生动物也会造成威胁。既然说到这个话题，那我带你去看看跟我生活在同一片森林中的其他动物吧。”

走到一处山谷附近，风车娃老远就听到山谷中的落叶“哗哗”作响，声音很大。他赶紧指指山谷的方向，示意獐子小心危险，獐子从容地说：“不用担心，我早听到了，这是一群野猪在翻拱落叶呢。”

獐子带着风车娃，走到可以看到山谷里面的地方，风车娃果然看见一群野猪。一头野猪妈妈带着四只半大的小猪，正在到处翻找着。

风车娃娃纳闷地问：“他们在找什么啊？”

獐子解释道：“野猪的饭量很大，需要吃很多食物。现在秋天到了，落叶中会藏着橡子，野猪在找橡子吃呢。他们只有吃很多很多的橡子，积累足够的脂肪，才能顺利度过冬天。”

风车娃点点头：“原来如此！”

獐子带着风车娃往山顶上走。在接近山顶的地方，一块巨石下有个洞，獐子停在洞口，对风车娃说：“这是狗獾的家，不过不知道他在不在家，因为他有很多个洞。”

风车娃走到洞口使劲往里看，突然，里面冲出来一个张牙舞爪的小兽，白脸上长着两道黑条纹。风车娃赶紧往远处跑去：“他怎么这么凶猛啊？”

獐子笑道：“他一点儿也不凶猛，就是暴脾气，其实是个友善的小家伙。”狗獾四处看看，见没什么危险，又晃动着胖胖的身躯钻回洞里了。

又走了一段山路，风车娃远远地看到一群长得像小狗样的动物正在追逐打闹着。獐子介绍道：“这是貉，他们都是以家庭为单位在一起小群体活动的，有时候不同家庭还会聚到一起串门呢！”

风车娃恍然大悟：“这就是保叔说的‘一丘之貉’呀，原来是这么来的。”

獐子和风车娃一路走到了山顶。在这里，他们可以眺望远处的长江。獐子望着滚滚江水，感叹道：“我以前常听一些獐子老婆婆说，我们獐子原来也生活在水边的湿地中，后来因为种种原因才搬到山林中居住。听说水边有很多更美味可口的植物，我上次被车撞到，就是因为抱着回湿地看看的想法走出了山林……”

风车娃连忙安慰獐子说：“别担心，会有那么一天的。我听保叔说过，专家们正在研究，打算给你们建立迁徙廊道，让你们以后不用经过马路也能回到湿地。环保专家还要在湿地规划建设保护区和生态公园，确保你们回去有吃有喝，不会受到伤害。在那里，你们还有可能和别的山头的獐子相遇呢！”

獐子激动地说：“真的会有这么一天吗？那可真是太好了！”看着獐子激动的模样，风车娃心想，等回去一定把自己看到的这些情况分享给保叔和动物专家们，期待他们研究出合理的方案，送獐子回他们在湿地的家……

★ 物种名片

獐 | 俗称獐子，又名河麂。

獐是一种小型的鹿科动物，体长80~100厘米，肩高45~55厘米，四肢修长，耳大，尾巴极其短小，藏匿在臀部毛发中，给人一种没有尾巴的错觉。幼年时身上有白色斑纹，在长大过程中褪去，成年后毛色以棕黄色为主。雌雄獐都没有角，但成年雄性獐上犬齿发达，突出口外明显易见。

獐的分布地点

獐在我国分布于东北及长江中下游平原的湿地中，也活动于河湖附近的丘陵山地中，但不上高山。喜欢躲藏在湿地高草环境中，如芦苇荡等生境，可游水。以湿地及周边的多种植物为食，主要食用叶片及嫩芽，也吃果实、种子。

獐于每年11月至翌年1月发情交配，幼崽5～7月出生，每胎1～4只。

獐的天敌都有谁？

曾经，豺狼虎豹都可能以獐为食，但现如今，獐的栖息地内，这些猛兽几乎都已绝迹，仅存的捕食者豹猫因为体形较小无法对成年獐造成威胁，因此，现如今獐并没有动物天敌，但人类曾经大量捕杀獐导致了獐数量的大幅度减少。伴随立法保护和公众保护野生动物意识的提升，獐目前是国家二级重点保护野生动物，其种群数量也得以稳定恢复。

遇到幼獐怎么办？

1 春季外出郊游踏青的过程中，有时可以见到小獐，它们往往躲藏在比较隐秘的草丛之中，但一动不动，身边也没有母獐。在这样的情况下，特别容易被人认为是没有妈妈的或被遗弃的小獐，而被人抱回家救助。但实际情况是，母獐会把小獐留在隐蔽的地方而自己独自外出觅食，因此，见到草丛中的小獐不应贸然救助，过一段时间或人走之后，母獐就会回来带走小獐并且喂奶了。

2 贸然救助野生动物幼崽很可能导致幼崽夭折，即便救助成功，幼崽健康长大，也会因为没有妈妈和同伴导致行为问题。人类可以喂养它们长大，但无法教会它们如何跟同类社交或如何躲避危险等，因此，最好的救助是让幼崽跟随自己的妈妈长大，只有到万不得已的情况下再人为救助。

3 救助幼獐的标准：① 幼獐明显受伤或生命垂危，如外伤或者淋水失温等；② 幼獐出现在不该出现的位置上，如马路上等。以上两点符合一点则需要救助。

獐在城市中生存面临什么威胁？

对于城市中的獐而言，车祸是导致獐死亡的主要原因，另外，一些栅栏由于宽度刚好和獐身体一致，獐易被卡在栏杆中导致死亡；但更严重的生存困境是栖息地被破坏。由于城市的建设，太多的高楼大厦和道路破坏了獐子的栖息地，栖息地被切割成破碎的小栖息地，小栖息地会造成基因交流困难、近交退化等后果。

如何保护獐

需要通过规划和设计让野生动物的栖息地有连通的机会，让它们可以在栖息板块之间迁移，才能让种群更健康地发展。

獐宝是什么？

獐的哺乳频率较低，因此獐的奶水浓度比较高，小獐喝下母乳后会在胃中结成奶块慢慢吸收，这个奶块就是所谓的“獐宝”。

人食用的獐宝就是人为割开小獐的胃而取出的奶块，因此獐宝是用一种极其残忍的方式获取的所谓保健品。在科学飞速发展的现在，獐宝的功效完全可以被其他药物或者食物替代，人类是否还需要用如此残忍的手段获取獐宝？这是每一个人都应该做出的选择。

我们如何保护獐？

首先，不食用和使用獐及其制品。

其次，把獐的故事讲给更多人听，让更多人了解这种动物。只有让人们了解这种动物，才会有更多人参与保护这个物种。

最后，可以行动起来，身体力行参与到獐的保护或者科学研究的行动当中，成为这个物种的代言人，守护这个美丽的物种。

图书在版编目（CIP）数据

山林魅影：探秘獐子 / 南京市生态环境保护宣传教育中心编著. — 南京：江苏凤凰科学技术出版社, 2022.6（2023.4重印）
（南京本土生物多样性科普丛书）
ISBN 978-7-5713-2942-6

Ⅰ. ①山… Ⅱ. ①南… Ⅲ. ①鹿科—南京—青少年读物 Ⅳ. ①Q959.842.08-49

中国版本图书馆CIP数据核字(2022)第082231号

南京本土生物多样性科普丛书

山林魅影——探秘獐子

编　　著	南京市生态环境保护宣传教育中心
责任编辑	唐　仪　赵　菁
助理编辑	高荣嵘
营销编辑	王梦青
特邀编辑	张明明
责任校对	仲　敏
责任监制	刘文洋
出版发行	江苏凤凰科学技术出版社
出版社地址	南京市湖南路1号A楼，邮编：210009
出版社网址	http://www.pspress.cn
印　　刷	南京新世纪联盟印务有限公司
开　　本	889 mm × 1 194 mm　1/16
印　　张	2.25
字　　数	60 000
版　　次	2022年6月第1版
印　　次	2023年4月第2次印刷
标准书号	ISBN 978-7-5713-2942-6
定　　价	88.00元（共5册）